U0057647

Enjoy 是欣賞、享受，
以及樂在其中的一種生活態度。

甜 蜜 之 瞬

思慕雪食光

Smoothie bowl

林蕙苓、楊梅香、蔡雨桐 合著

甜蜜食光，日日好日

李欣倫（作家）

翻閱《甜蜜之瞬──思慕雪食光》，捧讀一碗碗恍若藝術品的思慕雪，第一個想法也是：「這是什麼啊？實在太美了噢。」原來是能提供營養和飽足感的早餐。於是不禁幻想，如果能在日日晨光中，以這一碗繽紛的思慕雪開啟一日，簡直是幸福夢幻不思議了吧。

思慕雪的製作，不僅是各色鮮亮蔬果展示的總匯拼盤，更是視覺、味覺、嗅覺身體感的織錦繡。這幅刺入身體深處的食物繪本，既素簡又華麗，既是日常風景又洋溢著節慶喜氣，素簡的是生活風格，華麗的是碗中綻放的繽紛花季。於是，在慵懶或緊湊的家常時光／食光中，隨著蕙苓、梅香和雨桐，彷彿乍然來到了慶典，每碗思慕雪在規律的日常中，猶如假期的燦爛煙火，照亮了舌尖、指尖與心間。即使只是賞讀著文字與圖片如我，也彷彿忘卻了身旁奔馳而紛雜的日程，進／浸入了由他們所結界出來的悠緩時光，安靜美好，而後我也隨著碗中風景和潔淨文字，散步到他方，記憶的原鄉。

除了滿足味覺、嗅覺、視覺等感官之外，一碗碗思慕雪其實讓我想到書寫、創作的本質，只不過載體並非文字，而是蔬果。藉由不同蔬果的顏色搭配、切片方式、基底與綴飾的層疊擺盤，絕美的創作在在令我驚豔：原來橘子橫切三等份就是一朵晶瑩的寶石花，好似女子鍾愛的項鍊墜子；而紅心芭樂在蕙苓、梅香的巧手下，居然成了一株粉嫩的雪地山茶，恬靜如斯。「這是我們開在碗中的花園風景」，是的，不僅是一碗滿足眼目、味蕾的思慕雪，這已恍若一座隨四

季流轉，運行著生機，貼近土地的小小生態了吧！這是她們看待蔬果的方式，也是在心中、在碗裡凍存著的原始風景。

日本禪師藤井宗哲曾提過「易位為食材本身」的概念，也就是囑咐好的廚師應站在食材的角度，思量它希望被做成什麼，跟何者搭配，最能發揮其純美滋味與潔淨感，例如當以蘋果的心情來料理蘋果，而非依個人偏好胡亂錯配。當我細讀此書時，不斷地想起藤井宗哲的這句話，深感作者也許真能體解香蕉、藍莓、草莓、火龍果的心意，讓它們與最適合、最對味的友伴搭配，有的無怨無悔地化作溫軟果泥，有的則奉獻出鮮亮色澤，有的以片狀、球形展示那豐美的肌理或青春小鮮肉，彼此的肉身層層堆疊，互為輝映交響。身為碗中「群芳譜」的一分子，我揣想著如果他們能說話，大概會帶點羞怯的表情，甜甜地說：「身而為火龍果／藍莓／奇異果，我很幸福噢。」

於是，無論是黃色的、粉色的、紫色的、綠色的或藍色的思慕雪，透過紙頁對我發出了閃閃召喚，不僅是「吃我吃我」，而是「看看我，看看我」。思慕雪帶來了甜美瞬間，五感滿足，日日好日。謝謝蕙苓、梅香和雨桐，易位為蔬果本身，如切如磋，如琢如磨，將豐盛美好的大自然，端來我的眼前。

瑣碎日常的冰鎮

陳明柔（靜宜大學臺灣文學系教授、蓋夏圖書館館長）

初拿到《甜蜜之瞬——思慕雪食光》書稿，覺得實在甜美得太過分。細細捧讀翻閱，卻從思慕雪缽裡、從文字裡，觸及了一些不尋常的日常。一缽缽思慕雪，是日常須臾靈光的創作，晨起便以美好飽足一日所需的能量。

蕙苓和梅香，兩個多年來一起喝茶、一起讀書的好朋友，以水果花蔬與文字相佐，創造了思慕雪畫缽裡令人流連的花園野地。蕙苓多年來未曾放棄以文字耕耘生活，文脈溫暖舒緩，她以慵懶疏緩的節奏熱烈擁抱家常，書中一則則小品與思慕雪相佐，不只寫思慕雪缽中令人驚嘆的美麗來由，品的更是尋常光影裡五感全開的飲食記憶與人情點滴。梅香則是擁有奇異烹調天分的獨特女子，彷彿能看透食材的本質，優雅創作出令人驚嘆的料理——這個「生活美學家」對於美的感知，有不可思議的觸鬚，卻也有不可妥協的堅持，因為她在粗礪日常中，仍要認真活出美好，堅持即便只有一枝花，也要擺設出一片日常風景的美。每一缽思慕雪都是一次不可思議的展演，水果花蔬超現實色彩配搭，各色切法、擺飾、色彩光譜的調合，都是獨一無二的策展；最尋常的蔬果華麗變身，每一口都宛若雜沓生活夾縫裡的呼吸舒展。而天生擁有攝影師之眼的雨桐，以其獨特的視角將之凝凍在他的光影構圖裡——在他的光影構圖裡，思慕雪不只是飲食留佇，更是一則向生活致意的美麗小品。

思慕雪，思慕什麼呢？我想思慕的大約是入口後融在舌尖、喉頭的沁涼，也是冰鎮瑣碎日常的

甜蜜之瞬。每日晨起，在投入快速運轉的生活節奏之前，短暫的廚房時光，洗洗切切、研磨成泥，從容時，便以作畫的心情開啟一天，興之所至，花蔬堅果隨意灑上也是一缽能量滿滿；親愛的人對坐片刻，什麼都不做的這時那時，靜默或話家常都是歲月靜好的尋常陪伴，這是令人神往的好食光啊。於是，一整冊思慕雪食光，不只是晨間食頃的短暫好時光，也是一分從容優雅好好過日子的心意。不一定是思慕雪，也可以是品一盞茶，賞一帖字，凝望一枝花，相賞豔陽春的須臾片刻，那便都是生命中不可再得的此時此刻了。

梅香和蕙苓的靈心巧手，將季節豐饒多彩的水果花蔬化作缽缽繽紛，也將花園野地帶到餐桌之上，每一缽思慕雪冰鎮瑣碎日常的片刻時光，為我開啟全感知的飲食體驗。因此，與其說這是一本食譜書，我更願意看作是三個具有美的靈視之眼的作者，以食材、以文字、以攝影，力行五感全開的生活美學，自此，美不是外於生活的鑑賞，而是日常可即可食的饗宴。

一起吃早餐，
是為了每一瞬間的
甜蜜回眸

早餐吃點什麼好呢？

在假日的早晨，這是一個美好的問題。你可以悠哉悠哉地享受準備過程，也享受烹調的愉快，然後，舒舒服服、悠緩地吃早餐，看書、聽音樂、喝茶、喝咖啡，八卦日常。

在上班日跟忙碌的早晨，這可能是一個複雜的問題。想好好吃早餐，但時間緊迫；做完了，還得收拾好久。想做點特別的，怕時間不夠；簡單做著吃，又覺得單調……心理與現實的掙扎，像一齣連續劇不停上演。

如果每天都能吃「假日早餐」，那多好呢？

因為先生工作時間的限制，通常我們一天之中，只有早餐能一起吃。

為了這一天中，難得能一起坐在餐桌上的幸福食光，而且我們都想一起好好地吃早餐，我變換了很多口味。米食，麵食，沙拉，水果餐。蒸，烤，煎。有熱食，有冷食……

但，即便我情在其中，樂在烹調，難免有黔驢技窮、江郎才盡的時候。更有些時候，天氣熱得不想開伙，水溫冰凍得不想洗鍋子，還有，身體虛乏得不想做太複雜的事情──這類「心情溫度」上的問題。

即使如此，還是想吃點特別的早餐。所以，我一直在尋找一種方便在這些時候出現的早餐。

「這是什麼呢？」這是我看見思慕雪（Smoothie bowl）的第一反應，也是很多朋友看見我捧著這一碗時的反應。

那麼，看到這樣一碗繽紛五彩的食物，你想到了什麼？裝在碗裡的優格？慕斯甜點蛋糕？果泥？什錦水果盤？

Smoothie bowl 提供很多想像，不過通常是早餐，因為它有足夠的養分與分量，可以給你充分的健康營養和飽足感。如果覺得太迷人，想當成下午茶甜點也沒問題。但記得別吃太多，真的會很飽的！

Smoothie bowl，我想稱它為「思慕雪」。聽來很文藝，但很符合它的身分。它既有水果，有蔬菜，也有植物性油脂、堅果種子，有藻類。有時，更有許多高蛋白食品。

它有豐富的蛋白質跟纖維，還有其他維生素；它可以是甜點，可以是果泥，可以是綜合蔬食穀類餐，更可以是一碗充滿蔬菜口味的沙拉。

思慕雪吃起來的甜蜜感，大部分是來自蔬菜水果自然的甜味。但如果你調味得宜，它也可以有那麼一些淡淡的鹹味。思慕雪就是這麼多元，這麼內涵豐富，長相卻如此甜蜜可愛。就像個天使臉孔的美少女，腦袋裡裝了一套世界百科全書。

說起它的身世，可以牽涉好多營養專家的發明跟理論，也有更多關於蔬果在攪拌器、果汁機的作用下，產生了愈來愈複雜可口的產品之演進史。但，我喜歡這種料理方式的理由，非常單純。做一道料理，首先要取悅自己，給自己一些玩樂的趣味，還有關於美的滿足感。這樣，即使在生活中心情磕磕碰碰，在料理台上、餐桌上，都能找到一個安定心緒、放鬆的瞬間。

做思慕雪，讓人懷有清爽甜蜜的心情。而這樣美麗的早餐，有著滑順的口感，有時不知不覺一下就吃完了，像是生活中浮光閃過的一瞬，卻留下了甜蜜的回眸。

思慕雪不需要烹調技巧，也沒有艱難的料理手段，只需要果汁機跟簡單的擺盤，就能讓你享受創造味道和口感上的自由，也享受創造美麗顏色與繽紛盤飾的快感。你能創造出你所沒有想

像過的顏色，你能做出屬於你自己的風格，一道理想中、夢想中的美麗料理。

洗洗切切，加進果汁機裡打勻，倒進碗裡。有靈感時，就精細地擺個盤；沒有靈感時，使用剩下的水果，切一切，撒上去，再加點核果、奇亞籽、白色椰絲妝點一下，也有隨興的趣味之美。

清理工具也很單純。在我們家，就是果汁機、兩個碗、兩支湯匙、砧板，跟一把刀。節省了許多料理跟清洗的時間，即使在緊迫的時間縫隙裡，也能挪出十分鐘，慢慢沖一杯咖啡，漫談閒聊，或只是坐著互相放空。

這是一碗吃起來很舒服，有假日氣氛的早餐。在晨光中，我們在一起，陪伴彼此這一天中可能僅有的相聚時光。

思慕雪的味道有一種純淨感，吃久了，味覺會培養出一種對蔬果甘甜的敏銳度，像是味蕾被洗刷一遍。非常奇妙，我感覺自己現在吃一道菜餚時，能嚐出更多層次的味道了。我想，這是意外的收穫。

每天吃著看起來差不多的食物，漸漸地，可能會覺得日常生活重複又重複。只要隨時變化一下吃飯的模式，生活就能多一分新鮮感。

如果你也想吃得很營養，吃得很甜蜜、很美麗，那麼，我們一起來做思慕雪吧！

目錄

思慕雪
製作程序

第一步：準備工具

準備一個能把食物打碎、打成泥的工具。還有一個大小、花色跟質地你都喜歡的碗。

打碎工具

果汁機、冰沙機或直立式料理攪拌棒都可以。

你可以使用不到一千塊的基本型，也可以使用上萬元的華麗型。我個人覺得絲毫不影響料理的品質。

盛裝器皿

瓷碗、陶碗、木碗、椰子殼碗，或任何可以裝液體的容器。選擇一只碗，相信自己的感覺，這會是你發展自己藝術天分的開始。

湯匙

一支喝湯的湯匙。本書在食譜中所寫的「一大匙」，指的就是這把喝湯的湯匙。

除了上述幾項必要道具，你還需要一雙乾淨的手。這是最重要的藝術創作工具。

第二步：準備基底食材

這是非常自由、有趣的步驟。只要準備好三種基底，你就可以任意搭配，放進任何你想放的食物。但請先確認它們是可以即刻食用，不需要加熱的。

分量感 UP 濃稠基底

讓思慕雪豐厚護扎實的基底──這樣才能在碗上作畫呀！

例如冷凍香蕉或其他冷凍水果、穀類、麥片、種子、豆腐、酪梨、花菜、植物奶油……任何能增加濃稠感、豐厚度的食材都可以，最重要的是，它是你愛吃的。

視覺感 UP 增色基底

能為思慕雪創造口味和色彩的基底，它將決定你在創造畫面時，基本畫布的材質、顏色，還有吃起來的味道。

增色基底可以是任何冷凍或不冷凍的水果、蔬菜，或香草、枸杞、抹茶粉、巧克力粉、甜菜根……任何你想嘗試的食物。也可以是能添加健康與營養的食物，例如奇亞籽、藍藻粉、綠藻粉、巴西藍莓粉、蛋白粉、青汁粉、麥草粉、花蜜粉、珍珠粉、生薑泥、薑黃粉、香料粉等。

滑順感 UP 液態基底

能夠讓機器好好運轉的不含糖液體。就算有甜味，也最好是自然的甜味，例如優格、豆漿、牛奶、茶水、椰子水、果汁等。也可以是單純的飲用水。

第三步：混合基底

將準備好的三種基底食材全部打碎，磨成柔順的泥，倒進精心準備的碗裡。

到這裡，你已經大致完成一碗有你個人味覺品味與風格的思慕雪。

第四步：最後的盤綴

你的畫布已經成形，現在，把你想創造的畫面和質感，盡情地呈現出來吧。你可以根據想搭配的口感來決定放什麼食材，也可以考量自己今天需要的營養來添加，或者隨興把準備

好的食材全部切一切撒上去。

也許，你還有更多創作的欲望，那麼，你也可以有更大的發揮空間，水果、穀類、椰絲、堅果、種子、花瓣、香草葉等，這些都是你藝術創造的材料。

也許，你想呈現更特殊的畫面，需要一些不能吃的東西，比如樹枝或者能營造氣氛的楓葉、小擺飾等。有這樣的藝術需求，你應該滿足自己，就放吧！但是，小心毒性之外，也要提醒自己跟家人朋友，千萬別把不能吃的東西吃下肚子裡了！

❧ 關於調味 ❧

除非是蔬菜類居多的思慕雪，否則加了許多水果的蔬果泥是不太需要調味的，尤其是台灣的水果，甜度非常高。如果需要再多一點甜蜜的感覺，也可以加一些蜂蜜、楓糖漿。水果裡已有很高的甜分，而且要讓自己吃得健康，所以不建議加砂糖或其他比較精緻的糖類。如果想讓味道有多一點層次，也可以加少許的鹽。

思慕雪
玩色法則

這是思慕雪最迷人的部分——完全不需要人工色素，只要運用蔬菜、水果和其他食材的顏色，就能調出許多繽紛的色彩。即使是色系相近的食物，顏色濃淡還是有差別，選擇同色系的食物一起打成果泥，會有意想不到的顏色變化唷！

顏色的濃淡，則可以用白色的液體或其他水果來製造變化。另外，或許不同色系的搭配也會給你意外的驚喜，所以，大膽地嘗試吧！

★紫紅色系★ 紅色的水果跟蔬菜，基本上就能提供非常豔麗的紅色或紫色了，像是莓果類、紅肉火龍果、甜菜根等。

★黃色系★ 芒果、鳳梨、薑黃、南瓜、紅蘿蔔等橘黃色系的蔬果，可以讓你的果泥有明亮的顏色。

★綠色系★ 例如蔬菜、奇異果、抹茶粉、綠藻粉等。如果想要更鮮綠的效果，羽衣甘藍菜、菠菜，都有非常亮麗的綠色。

★藍色系★ 這必須運用特殊的藍藻粉、蝶豆花茶，它們可以讓你的思慕雪產生夢幻的色調。

★咖啡系★ 加了可可粉、花生醬等咖啡色系的思慕雪，多麼有濃厚的冬日節慶氣氛啊。

➢➢ 特殊材料哪裡買 ᐖᐖ

· **奇亞籽**：可在網路上或超市、健康食品店購得。
· **椰絲**：可在超市、西點原料行或烘焙專賣店買到。
· **椰子脆片**：烘焙店比較少進貨，目前在大型量販店都有販賣。或者，可到東南亞食品店尋找。
· **椰粉**：在超市、東南亞食品行或烘焙店都可購買。
· **藍藻粉**：目前在各網路商店的通路都可以查詢並購買；電視購物網也有販賣。但請留意，別跟水族養殖用的藍藻搞混了。實體商店方面，目前確知里仁連鎖商店有販賣，讀者也可試試住家附近的有機或養生健康商店，也許會有收穫。

一片冰心

（水梨、鳳梨、香蕉）

一 片 冰 心

接到了三月初要結婚的喜帖，新娘子是舊家鄰居的小妹妹。她剛出生時，我還在讀高中；我大學時，她已經在巷子裡跑來跑去地搗蛋，拿著掃把，跳起來撲打蹲在牆上的流浪花貓。打不到貓，就對著貓咪憨憨地笑，跟貓咪說：「你好可愛。」

一轉眼，已經要當新娘子了。

是不是三月分的婚禮氣氛特別浪漫呢？還是民俗上日子太好？我跟身邊人經常接到三月分的喜帖。但仔細想，這是毫不準確的直覺式統計。我想，可能是因為我對三月的婚禮，有著特別的感受。

人生中最初收到的喜帖，在大學畢業那年。三月分，考試的忙著考試，就職的忙著遞寫履歷，到各家企業面試。而同時，有人忙著結婚。

收到第一張寄給自己的喜帖時，心情十分陌生，而且不知為什麼，有一點羞澀和不知所措的尷尬。「啊，我也要開始練習把祝福的心意放在禮金的數目裡啦！」這是另一種社會系統上的，「長大」的體驗吧？摸著紅包袋，感覺自己似乎也有那麼一點跟以前不同的改變。

在還沒有離開學校的三月，同學們即將轉變的身分和未來的歸處，默默地交疊出一種離別的氣氛。就剩那麼幾個月，我們就要像樹上飛散的種子，各自找地方安身立命啦！

做早餐前，想著要挪出時間參加婚禮，看到盤子上的水梨，想到水梨清爽的甜味，還有水梨變色後的

樣子，心裡有一股柔軟。希望那個憨憨微笑的女孩子，不管成了什麼樣的妻子、母親，在某些時刻裡，她依然那樣憨憨地笑著。

做這一碗水梨思慕雪時，將水梨切成薄片，隔著陽光看，透明得似乎可以看穿另一側的影子。水梨片透明得像一顆心，凍結在冰晶裡，皎潔乾淨。那是它本來的樣子，也是印在我們心裡的樣子。一片冰心在玉壺。

青春易逝，水梨也同樣非常容易氧化。打成果泥，不小心久放，轉眼間，像老了青春，覆上一層在時間裡風化了的褐色的鏽蝕感。好像我們的青春，風化成了遺跡裡的往事。但，調配優格和鳳梨來增加厚度，給些更爽朗的酸，就有了清澈水嫩感，也不容易變黑，一下把水梨的青春凝凍了起來。

擺盤時，齊齊整整地安排顏色層次，描出三疊半圓。綴上薄荷，覆盆子更像是小花朵了。這，是可愛新娘的頭花吧！

這是某一日早晨，無人知曉的，婚禮的祝福。

●●○ 1 人份食譜

基底

冷凍梨子半顆	優格 3 大匙
冷凍鳳梨少量	香蕉半根

上層綴盤

香蕉

黑莓

覆盆子

椰子脆片

奇亞籽

薄荷葉（可省略，或以其他綠葉替代）

●● 作法

1. 將基底材料打成均勻柔順的果泥，倒入碗裡，擺盤。

2. 先撒一層奇亞籽、椰子脆片在邊緣，再一圈圈依序擺上香蕉、黑莓、覆盆子。

3. 最後以薄荷葉點綴即可。

●● Tips

· 思慕雪質地非常柔軟，放水果時，要先輕輕接觸表面，再擱上去。放得太用力，水果就沉下去了。

· 水梨極易變色，為了保持新鮮口感，請盡快食用。

· 冷凍水果前，要剝皮的水果一定得先洗淨剝皮，切成果汁機可以順利攪打的大小。再依每次用量一份份分裝，不然凍住了，就剝不開啦。

· 如果冷凍的果泥太黏稠，卡住果汁機，可以適度加些液體，讓機器順利運轉。

我的分子時代

（藍藻粉、香蕉、鳳梨）

我 的 分 子 時 代

買了蔬果挖球器回來，有大中小三種 size。有陣子拿到可以挖的蔬菜、水果，都想挖成各種顏色的一顆顆小圓球。圓球們排在黃色盤子裡，還真的很草間彌生。

朋友見了，說這些魚卵大小的圓球，真像分子料理。我彼時對「分子」跟「料理」的名詞結合，不是很熟悉。看了網路照片，還以為是各種果汁風味的大粉圓。「不就是珍珠奶茶的珍珠嗎？」我那時這樣想。

前些年，分子小球還是稀罕料理，這幾年很多餐廳都試著做了，彷彿分子時代來臨，各種食物被打碎之後變形，又擬真。你以為的土，不是土；你以為的石頭，不是石頭。都是有滋味的。

食物的樣子，似真非真；原本滋味，似假非假。如果說有「明日的餐桌」這種稱呼的食物，分子料理中突破原本形象的食物，乍看，也是相當有未來感的。好不好看、好不好吃，當然見仁見智。

因為口感很有趣，上網看了看製作方法……真是挺費功夫的。要買浸的藥粉，也需要成形的器材，針筒、滴管。成品做好，還得用清水沖洗好幾次。這麼小巧可愛的食物，得花上許多功夫，大約準備盛宴才有這個功夫吧！想來不是我家的常備家庭菜。

吃飯，需要花樣，自古而然。書上寫，宋朝餐桌會在餐具上弄花樣，把木雕弄成餐桌上的多寶格，各色菜餚像山石花鳥擺在上面，叫「插山」。菜色宛如山色，成嶺成峰在食客面前，菜好不好吃難說，

食客眼花撩亂是真。這種誇飾法的綴盤，如今在廟會裡的供桌上，也是常見。我家鄉造醮、大普渡，滿桌都是疊起來的刻花、雕龍、砌鳳的熟肉和蔬果。看完書後，我感覺故鄉的普渡宴席，大概就是走古風，重現舊食光。

時代愈晚近，餐桌上的這種誇飾法好像愈清簡，但料理的工法，就愈來愈複雜了——先蒸後燉，醃漬後，再塑形、燒炸……百般折磨。上了桌，就那麼一只白盤，中央盛放一小圈，如水墨留白。藏精工於細節裡，很有形而上的藝術感。

我不喜歡化妝，但做好菜，不妝點一下，覺得難以入口。然而，花費太多時間，對於日常做菜就效率太差。所以，像這種能輕易鑄成造型的小小挖球器，是廚房的禮物。它改變了食物的容貌，感覺餐桌上，也有了遊戲的氣氛。

●●● 1 人份食譜

基底	上層綴盤
冷凍香蕉半根	白肉火龍果（大球）
冷凍鳳梨 1/8 個	奇異果（大、小球）
無糖優格 3 大匙	覆盆子
藍藻粉適量	黑莓
	椰絲

●● 作法

1. 將基底材料打成均勻柔順的果泥，倒入碗裡，擺盤。

2. 將球狀水果、黑莓擺到喜歡的位置，再以覆盆子點綴。

3. 撒上椰絲即完成。

●● Tips

· 冷凍水果前，要剝皮的水果一定得先洗淨剝皮，切成果汁機可以順利攪打的大小。再依每次用量一
　份份分裝，不然凍住了，就剝不開啦。

· 如果水果泥太黏稠，可以適度加些液體，讓果汁機順利運轉。

浪漫這件事

（草莓、芒果、蔓越莓、香蕉）

浪 漫 這 件 事

水果的形狀、造型和顏色，比起其他食物都要來得豐富。我特別喜歡香蕉、奇異果橫切下的剖片，若是一整根香蕉咬著吃，就看不到紋理啦！小時候我會橫著切香蕉，在盤裡一片片攤開來，用叉子吃，不少人都批評我無聊，多此一舉。高中同學還覺得我像拿手術刀殺香蕉的變態……唉！藝術真寂寞。

看看現在各家展現著水果紋理，展示各樣水果剖面藝術的思慕雪照片，再想想自己當年——把草莓剖開來，露出粉紅色心型圖案；水梨切成薄片，像吃著透明的翅膀；楊桃當然要切成滿天星，鋪在盤子上，吃滿天的星空。小孩的目光裡，有很多想像都創造了浪漫。而那個孩子，也許就是飲食界的先驅者啊！

浪漫這件事，我想，在一剛開始，在世界的日常習慣中，都是一件奇怪的事吧！因為想要非比尋常，才有了特別——

光是吃飯太單調，所以點起了蠟燭，擺上一盆花，換了一面石頭盤子，在石頭上布置山水草木。這是浪漫。

喝單色的果汁太單調，就在透明杯子裡，擺了水果剖面。貼在玻璃上，杯裡疊上幾層顏色的果汁與水果。這是浪漫。

在生活的某些角落裡，某些瞬眼即逝的時刻，我們都會想著，「啊，來點不一樣的吧。」不一樣的創造，成就了浪漫。

現在，我感覺那個切開了香蕉，放在盤子裡欣賞剖面的我，特浪漫。

蔬菜、水果的顏色、果肉紋路，本身就是盤面上很好的裝飾。不過，造型玩上了癮，有些效果，你都會想試試。買到了水果挖球器後，眼前所有蔬菜、水果，都想挖成大、小圓球。大白色火龍果球，特別冰清玉潔；小紅火龍果球，簡直就是小小的莓色漿果；綠色奇異果球，特別有小黑圓點；酪梨球顏色明亮搶眼，有非常好的效果；哈密瓜球、西瓜球，看起來依然甜蜜……各種水果挖成了球形，浮在思慕雪裡，有一種俏皮可愛。

草間彌生來到台灣，身邊朋友就圓形點陣排列式地強迫症了起來。圓點雨傘、圓點襯衫、圓點筆記本，連電腦桌面都是漸層的南瓜圓點。那些日常所見的圓點點，如此義正辭嚴地藝術風了起來，好像跟我本來認識的圓點點都長得不太像了。

但，沒關係，藝術就是浪漫呀！

● 1 人份食譜

基底

冷凍香蕉半根

冷凍草莓 8 顆

芒果 1/4 顆

蔓越莓一把

無糖優格 3 大匙

上層綴盤

芒果（大球）

草莓（切小塊）

奇異果（大、小球）

香蕉（切片）

野生藍莓乾

核桃（切碎）

椰絲

●● 作法

1. 將基底材料打成均勻柔順的果泥，倒入碗裡，擺盤。

2. 碗中 1/4 處撒入椰絲，呈長條狀。

3. 放入香蕉片、水果球，再以草莓點綴。

4. 撒上核桃與野生藍莓乾即完成。

●● Tips

‧ 冷凍水果前，要剝皮的水果一定得先洗淨剝皮，切成果汁機可以順利攪打的大小。再依每次用量一
份份分裝，不然凍住了，就剝不開啦。

‧ 如果水果泥太黏稠，可以適度加些液體，讓果汁機順利運轉。

來說說，
一大早聊什麼好？

（鳳梨、香蕉）

來 說 説 ， 一 大 早 聊 什 麼 好 ？

沒有什麼想法的早晨，打開冰箱，順手就抓了顏色相似的水果。香蕉、鳳梨倒入無糖優格，打成一碗乳黃色調，非常暖色系，照亮了早晨的心靈。也相當符合我心中追求的，像太陽蛋黃一樣，散發著開朗光芒的早晨。在觸膚微冷的空氣裡，飄揚茶煙的紅茶與乳黃色的思慕雪，根據我的經驗，會讓早晨的心情特別明亮爽朗。

但是，乳黃色的優格上面，擺什麼好呢？我一下惆悵，並且猶豫了起來。

做菜總有這麼些時刻，你可以很簡單地做一做。自己在家吃，只要味道可以了，完成的樣子，其實標準可以很寬鬆。但有時，想給自己一點特殊的作法，就是不想按照平常的規矩來。這時，猶豫就來臨了。顯然，所有工作都跟人生一樣，有缺乏「靈感」的時候。

我在網路上看過一個廚師社群的「靈感」分享，天南地北各種菜系的廚師在這個社群裡，吐露各種被餐廳老闆刁難做新菜的苦水，也提供一些新奇想法。有位師傅提出不能做熊掌，但是老闆又要高端、稀奇、大器，不能輸給熊掌的菜，這種被刁難的問題。廚師們於是想出了把駱駝掌清蒸再回鍋炸，最後把透明的駱駝蹄筋紅燒，再淋上翡翠芡汁的稀奇大菜。聽說老闆很滿意。我覺得非常不可思議，是駱駝呢！好稀奇的菜！

思慕雪主婦們還沒有這樣的社群聯盟，沒辦法看到其他主婦有類似駱駝掌這種新鮮的靈感，只好問家人，想在這一碗上面放點什麼？

「隨便！」這是最令人聞之色變的答案。聽了這句，別只是說臉，渾身都綠了。然而，憤怒的情緒不適合早晨應該健康明朗的能量要求。那麼，就來展開聊天模式吧！

「有鳳梨優格泥了，你想加黃色的東西，還是綠色的？」

「有紅色的嗎？黃色跟紅色比較好看。」

當然有！翻出冰箱底最後一顆紅李，切片，再搭一些冷凍的覆盆子。達成使命。

生活中的選擇有時就是這樣，你給了 A 和 B 兩條路，結果天使給了你 C。這可以稱為「靈感」的降臨了吧！

「一大早，在餐桌上你們都聊什麼呢？」朋友曾問我這個問題。

朋友是個媽媽，一早起來，就要招呼一家人吃早餐、準備上學。早餐的話題不外叮嚀功課、考試，還有記得繳費，安排家庭瑣事。聽起來是相當忙碌，而且節奏必須快速的一天。

想起來，我家每天的話題，實在是清淡的，悠閒的，頹廢的，太過粉飾太平。

其實吃著早餐時，因為思慕雪太過美味，我們多半是不說話的。吃的時候專心吃，吃完後發呆。聽著音樂發呆，晒著太陽發呆，看著待洗空碗發呆……畢竟一大早，小民民智未開，腦袋還不想工作呢！

在這未清醒的早晨，五分鐘的發呆，散發著小小的幸福感。

●●○ 1 人份食譜

基底

冷凍香蕉半根

冷凍鳳梨 1/8 顆

無糖優格 3 大匙

上層綴盤

李子（切片）

藍莓

覆盆子

核桃（切碎）

椰絲

芳香萬壽菊葉（可省略或以其他綠色葉片替代）

●● 作法

1. 將基底材料打成均勻柔順的果泥，倒入碗裡，擺盤。

2. 李子片在碗中央擺成扇形，中間撒上椰絲。

3. 椰絲上堆放藍莓，撒上核桃，再以覆盆子、葉片點綴，最後撒上椰絲即完成。

●● Tips

· 李子從中橫切一圈，轉開，即可切成片。

· 冷凍水果前，要剝皮的水果一定得先洗淨剝皮，切成果汁機可以順利攪打的大小。再依每次用量一份份分裝，不然凍住了，就剝不開啦。

· 如果水果泥太黏稠，可以適度加些液體，讓果汁機順利運轉。

偷來的時間

（藍莓、火龍果、香蕉）

偷 來 的 時 間

沒時間做早餐、吃早餐的時候，心中總是充滿遺憾。僅僅一日，都讓人懷念在早晨光線裡，從容地坐在餐桌上的時間。我覺得自己真貪心，不過是錯過了一次早餐啊。

然而，想想人生的早餐數量，是有年分限制的。你跟喜歡的人少吃一頓，就真的少一頓了。這一輩子，都有些時光是錯過的。錯身而過，有萬般理由，但總是錯過了，才後悔。

有時候，生活雜事如潮水來襲，連吃飯的時間都只能在外面匆匆解決。要不買份豆漿、飯糰，要不漢堡、薯條。帶著走，在工作的桌子上，在早餐店的塑膠椅上，匆匆地吃。這時就特別想念家裡餐桌上輕緩悠然的光陰。

每一頓早餐，都是偷來的時間。因為是偷來的，像是平常之外的禮物驚喜，更令人感覺美好。

洗碗槽邊，水瓶裡養著四天前荒地摘的含苞野花，花朵冬日裡慢開，足足花了四天，才抵達開到七分的明黃燦爛。燒好爐水、沏好紅茶，驀然，花葉氣息逸過鼻尖。

這天的早餐並不特殊。優格、香蕉加點莓果做底的思慕雪，齊齊整整擺上切好的水果片，一切幾乎如常。只是，花開了。

把黃色小花擺在餐碗旁邊，茶煙渺渺，對映著似的；碗裡的早餐格外色澤紅豔媚麗，我們說話的腔調

也就淡淡地，有了度假的慵懶感。二十分鐘之後當然還是要上班工作的，本來這就是夾在縫隙裡的時間，不過，開了花，心情也就悠盪了起來。

一小把荒地摘來的花，竟換來了一場度假的錯覺。

曾有一次，在某個下午，我獲得一段意外的小假期。包了茶具，想去找棵盛開的櫻花樹下喝杯茶。

公園裡八重櫻枝幹像一棚屋簷，我坐在散花如雪的簷下，本來覺得浪漫優雅，卻愈坐愈冷。日頭漸低，還捲起了流霧，春寒難耐，連穿了靴子的腳底都冷了，後來茶就帶回家喝了。

看來想偷時間，也不是就能稱心如意啊！很多事情都得要多花點心思。

沈復〈閒情記趣〉裡，寫娘子陳芸慧心巧思，租了餛飩擔子去看油菜花。梅花盡落，油菜花卻滿畦壟。

油菜花田裡，他們一群人在餛飩擔子上溫酒、熱菜、燒茶水，行酒嚷嚷，把一個冬日過得熱鬧風雅。

其實尋常人家也看油菜花的，只不過，他們更多偷得了一份賞花飲酒的情致。

偷時間，是得花心思、花些腦力創造美感，還得挪出享受的心思。

◐◑ 1 人份食譜

基底

冷凍香蕉半根	冷凍紅肉火龍果 1 小塊
冷凍藍莓 1 大把	無糖優格 3 大匙

上層綴盤

藍莓

奇異果（切片）

草莓（切片）

芒果（切片）

椰子脆片

椰絲

奇亞籽

●● 作法

1. 將基底材料打成均勻柔順的果泥，倒入碗裡，擺盤。

2. 大範圍撒上奇亞籽，再依序將藍莓、奇異果片、草莓片、芒果片、椰子脆片各排成一列。

3. 椰子脆片上撒椰絲，再於水果片上撒奇亞籽即完成。

●● Tips

· 這款思慕雪放了很多水果，建議留些空間露出基底，更能增加繽紛感。

· 冷凍水果前，要剝皮的水果一定得先洗淨剝皮，切成果汁機可以順利攪打的大小。再依每次用量一份份分裝，不然凍住了，就剝不開啦。

· 如果水果泥太黏稠，可以適度加些液體，讓果汁機順利運轉。

雪泡胭脂豆兒泥

（火龍果、香蕉、豆漿、燕麥奶）

雪泡胭脂豆兒泥

「雪泡」這名詞相當浪漫，是「泡在雪裡」呢！是夏天裡的清涼，冬日裡的幽靜安寧北方風情畫。就像「思慕雪」這個名字，根本無時無刻都在思念下雪的美好，像一場和冬雪的戀愛一樣。

「思慕雪」這樣的譯名，把冷凍水果、綿軟優格做成的果泥，如雪酪一般的質感，很生動地表現出來。但，古文裡的雪泡，對我來說，實在是一場想像力上的遺憾。

《東京夢華錄》中，記載北宋夏天的汴梁京城裡，人們的抗暑吃喝。北宋的汴京街頭，一到夏天，便有涼水鋪在街邊擺上椅凳，就地插上一支青布遮陽傘，賣起雪泡冷元子、雪泡豆兒水、甘草冰雪涼水。我想，攤販小吃真是人類強韌的文化遺產，從幾千年前一直到現在，我們依然喜歡坐在街邊的小凳子上吃東西。只不過，北宋人在凳子上撐的是青布傘，日本人在戶外喝抹茶、吃菓子，改成了紅紙傘；而我們熟悉的台灣路邊攤，搭的是各種防水的塑膠布、硬帆布。不管上面遮的是什麼，大家都一樣喜歡坐在戶外吃東西，這是一種悠閒與隨興。

我想像中的雪泡，跟我用調理機打出來的思慕雪一樣——如雪一般柔軟，湯匙一撥，輕綿跳動，飽含著空氣、漂浮感，像各種顏色的雲朵裝在碗裡。

但，考證結果總是殘酷的。看了許多說法，都認定「雪泡豆兒水」就是綠豆湯加冰塊……

加點冰塊就是雪泡？！這不是毀人幻夢，「欺世盜名」嗎？而且，怎麼可以加冰塊，至少要有點「堆雪」的樣子吧！

有時到餐廳吃飯，總會見到「名不副實」的餐點名稱。給料理取個名字，從材料、味道，到裝盤上桌的模樣，我想人們總會期待，在菜名與菜色相遇時，能有一分妥貼而恰如其分的驚喜。而按著名字，想像那道料理可能會有的樣子，也是我喜歡的，屬於吃菜的樂趣。

同樣地，一份出自你手的料理，有你選的材料、你決定的調理程序，你設計它的樣子，然後，加上一個專屬於這道菜的名字。我想，這是最浪漫的事了。

世界上，許多菜式都有著傳承而來的名稱，它象徵著這道菜的傳統，也是一段歷史的累積。但，總也想有這麼一道料理，有著屬於自己的歷史。

北宋街頭的雪泡豆兒水，讓我感覺有點名不副實。而我這碗添了豆漿、燕麥奶，再加入火龍果調色的果泥，可是真真確確的「胭脂雪泡」──它有淡淡的紅火龍果胭脂香，豆漿底的果泥綿軟浮動，這，是胭脂色的雪堆啊！

●●○ 1 人份食譜

基底

紅肉火龍果 1/2 顆

冷凍香蕉 1/2 根

無糖優格 3 大匙

無糖豆漿 1 大匙

燕麥奶少許

上層綴盤

綜合堅果

奇異果（切片）

奇亞籽

紅肉火龍果（切小塊）

椰絲

●● 作法

1. 將基底材料打成滑順的果泥，倒進碗裡。擺盤。

2. 碗中央先擺入火龍果塊，可稍微沉入果泥做底。撒上一層奇亞籽，放入綜合堅果，再覆蓋一些火龍果塊。

3. 奇異果放在中心點旁，並露出果肉紋理。

4. 撒入椰絲點綴即完成。

●● Tips

· 火龍果或其他含水量高的水果，在打成果泥時，會產生較多的氣泡。因此，思慕雪也被稱為「泡泡食物」，這是又一浪漫之處！

· 冷凍水果前，要剝皮的水果一定得先洗淨剝皮，切成果汁機可以順利攪打的大小。再依每次用量一份份分裝，不然凍住了，就剝不開啦。

· 如果水果泥太黏稠，可以適度加些液體，讓果汁機順利運轉。

雪泡黃果

（奇異果、鳳梨、香蕉、豆漿）

雪 泡 黃 果

冰箱裡有一盒冷凍葡萄冰，當然，不是機器加工的製品。是新鮮葡萄洗乾淨後，直送冷凍庫的鮮葡萄冰。

下午茶時刻，從冷凍庫揀幾顆大的來吃。不用咬的，用門牙磨，從邊緣開始磨。一邊磨，一邊吃。像是鮮果刨冰，更像是鮮果 sorbet。小時候這樣吃，會被訓斥不雅觀，「像隻老鼠」。但沒人看的時候，我還是喜歡這樣吃。

凍過的水果，質地不一樣。糖質與水分都被凍結，特別有種扎實綿密的感覺，跟工廠裡出來的調味冰不一樣。吃過就知道，果肉的紋理跟天然鮮甜酸融合在一起，除了清涼之外，還有一種味道上的豐富感。

水果盛產期，這種鮮果冰的數量就多了起來。

買了一顆削皮鳳梨，兩個人只能吃一半，剩下的，切片凍成鳳梨冰。芒果買得太多，逐漸要發黑了，趕緊剝皮洗切，在冷凍庫裡凍成黃澄澄的芒果片。葡萄也是讓人傷腦筋，從小農那裡直購的，一送就是一大箱，兩個人也只吃了一串多一點。其他的，當然也都成了葡萄冰。

今年香蕉滯銷，就算是為了幫助蕉農，天天吃香蕉，也會有吃膩的時刻——當然囉，剩下的，也要剝皮切塊，做成香蕉凍！

這下盛夏的果實，全都青春永駐，躺在白霜裡了。原汁原貌，依舊甜在表裡之中，分毫不差。

冷凍水果用來製作思慕雪，有一個最好的優勢，就是能使基底更加厚實綿密。一勺舀起，像是雪酪那樣綿密滑口，而果香還是你所熟悉的夏天的味道。

如果不加冷凍水果，為了讓基底扎實，有時會加入冰塊去混打。但，如果水果本身就已經結凍的話，就不太需要這個步驟啦，除非你想吃得更像優格冰沙。

盛產期的水果甜滋滋的，即使加了號稱「大人的苦味」的純巧克力粉，或是略帶苦味的抹茶，做出來的思慕雪還是甜得讓人微笑。這正是台灣當季水果的魅力呀！

這道「雪泡黃果」，以鳳梨為主要食材，澄黃果泥非常亮眼，像黃色的雪泥。綴盤時，撒上堅果，充實了咀嚼的口感。

這一盤，有豐盛的夏天，還有熱鬧的氣氛。

●● 1 人份食譜

基底

鳳梨 1/8 顆

奇異果 1/4 顆

冷凍香蕉 1/2 根

優格 3 大匙

豆漿 1 大匙

上層綴盤

奇異果（切片）

香蕉（切片）

小藍莓

綜合堅果

奇亞籽

椰粉

●● 作法

1. 將基底材料打成滑順的果泥，倒進碗裡。擺盤。

2. 先在中心線撒奇亞籽、綜合堅果，奇異果、香蕉從中心往邊緣擺，可覆疊。

3. 最後在空隙處填入小藍莓，撒上椰粉即完成。

●● Tips

· 使用的水果，可使用冷凍水果，新鮮水果也可。口感不同而已，隨你當下的心情安排。

· 冷凍水果前，要剝皮的水果一定得先洗淨剝皮，切成果汁機可以順利攪打的大小。再依每次用量一份份分裝，不然凍住了，就剝不開啦。

· 如果水果泥太黏稠，可以適度加些液體，讓果汁機順利運轉。

致童年

（梨子、綠葡萄、芝麻葉、香蕉）

致 童 年

看著窗外，社區孩子們在廢耕的田地裡踢球、遛狗，陽光照在他們身上，他們拔了滿滿幾隻小手掌的鬼針草，互相攻擊。小小的黑色種子黏了小孩跟小狗一身。他們笑得乾淨徹底，毫無猶豫，沒有雜質的開心。

我默默想，說出「太陽底下沒有新鮮事」這句俗諺的人，心境上就是生無可戀的老頭啊！在小孩子的眼睛裡，什麼都是新鮮事。

孩子的笑聲很吵鬧，也很有感染力，讓人覺得在天氣這樣好的日子，得很有精神地吃一頓早餐，然後趕快出去玩。於是，我特別有精神地打了芝麻葉跟優格，做成了一整碗的綠。芝麻葉隱隱帶著芝麻香，又有果香，是很有趣的味道。

冰箱裡都是慣用的蔬果了，許多組合都是可以想像的味道。然而，這是一個很有精神的早晨，一個新鮮的早晨，所以，所有好奇的、沒試過的實驗性組合，即使後果可能非常奇怪，都需要被包容跟原諒。其實，本來生活也就沒這麼悲壯。都是做給自己吃的，而且，都是能吃的東西，做得不好看、不好吃，一口吃了，也就結束。不管怎樣，總算是試過啦！我想，能夠什麼都試試看的話，天底下到處都會是新鮮事吧！

把綠葡萄、水梨加到芝麻葉優格裡，接下來，用什麼來綴盤呢？

窗外的孩子在玩鬼針草，我的花盆裡也開著自己來、自己生、自己長的咸豐草花。不過，我的咸豐草花還沒有結果變成鬼針草。那麼，放在淺綠思慕雪上的，就是這小小的，像面對太陽、有著飛翔姿態的小花了。

「咸豐草」是挺有氣質的野花名，但「鬼針草」，更符合它長在野地的姿態——開花之後，露出一根根像黑針一樣的種子，死纏爛打，痴纏地黏在每個靠近它的東西身上。我小時候，有時很喜歡鬼針草，有時很厭煩鬼針草。拿它來扎人很開心，但當它跟著進入被窩裡，扎得我發痛了，就無法忍受了。

咸豐草花開滿一年四季，一開一整片，遠遠看，像春天的草地上開滿小雛菊。還是小孩的我，孤單時，有很多這樣的玩伴。放了學，走在田埂跟河堤，一路摘了像雛菊的咸豐草花，鬼針草隨地撒，像是給影子留下跟蹤的線索。

丟了咸豐草，又折了酢漿草，咬在舌頭上，舐舐微酸漿草味。草坡裡有時會出現斑斑點點、令人驚奇的鮮豔紅色蛇莓果實，它很可愛，吃起來卻不怎麼樣。但既然路過了，我還是一路摘著吃。逛完河堤走回家，最適合拎在手上玩的，還是咸豐草。當時總想像自己是飛刀俠客，單手一揮，花葉震盪，就成了漫天飛舞的蝴蝶。

●●1 人份食譜

基底

冷凍香蕉半根

小顆冷凍梨子半顆

綠葡萄一小把

芝麻葉適量

無糖優格 3 大匙

上層綴盤

葡萄（切半）

椰子脆片

椰絲

咸豐草花（可省略或以其他可食用花朵替代）

芳香萬壽菊葉（可省略或以其他綠葉替代）

●● 作法

1. 將基底材料打成均勻柔順的果泥，倒入碗裡，擺盤。

2. 椰子脆片在碗中央撒成長條狀，輕輕擺上切半葡萄。

3. 撒上椰絲，再以咸豐草花跟芳香萬壽菊葉片點綴。

●● Tips

· 擺入咸豐草花能呈現清新飛翔的感覺。花朵可以食用，但口感不佳。

· 冷凍水果前，要剝皮的水果一定得先洗淨剝皮，切成果汁機可以順利攪打的大小。再依每次用量一份份分裝，不然凍住了，就剝不開啦。

· 如果水果泥太黏稠，可以適度加些液體，讓果汁機順利運轉。

今生無緣

（蘋果、芒果、香蕉）

今 生 無 緣

吃東西，講緣分。今生能吃到多少花樣，要看命數——不是好不好吃的問題，是有沒有那個緣分的問題。南方島嶼來的朋友，特別愛吃芒果，尤其是醬油沾生芒果。芒果季節一接近，他就蠢蠢欲動。先是蒐集醬油，淡醬油、白醬油、蒸魚醬油、壺底油、老抽、生魚片醬油……醬油種類族繁不及備載，他的吃法也尤其複雜。

芒果未熟時，把青芒果、土芒果像醃菜心一樣，醃進醬油裡，配稀飯吃。看他吃得眼眨嘴裂的，我想應該是又酸又鹹。愛文芒果、金煌芒果、玉文芒果如此甜美，他就切片，像吃生魚片一樣，沾日本醬油吃、下酒。

這些品種芒果生吃已經甜美，為何還要加醬油，多此一舉呢？就連海頓、西施跟凱特芒果，他也都給切了片，淋上蒜頭醬油。乍一看，還以為他吃的是酪梨蒜頭醬油。

這大概就是我今生無緣的食物了。他佛心萬丈，向我推銷醬油芒果，還耐心解釋哪一種醬油應配哪一種芒果。奈何我佛緣淺、慧根薄，硬是不接受渡化。幾年後，驀然聽說某名餐廳的桌邊小菜就有道辣椒腐乳醬凱特芒果，我回想起醬油芒果的往事，深深覺得自己舌頭的見識，淺薄了。即使經過名廚加持了，我依然不吃醬油芒果，這就是沒有福分吧？都推到眼前了，還是死都不肯嚐……今生無緣，是老天爺給的命了。

我做思慕雪，有的朋友也是難以入口，寧死不屈。説是無法接受優格打成糊狀，裡面竟然還有香蕉跟豆漿，心理上過不去。看我在優格裡加薑泥、撒枸杞，他就全身起雞皮疙瘩。這位朋友希臘黃瓜優格也是不吃的，更拒絕加入蒜頭跟香料的「鹹優格」，「優格怎麼會是鹹的呢？」他一臉嫌棄。

我想起小時候鄰居看我吃起士，總捏著鼻子説，再投胎一次，也不能吃這個。起士的味道，是離她無比遙遠的美味，連下輩子都不知道能不能坦然接受。其實我對起士也並非都照單全收，軟質的藍紋起士，到現在仍是軟肋，無法入口。大學時，我還説過「這輩子絕不吃藍紋起士」這種話，不過前些年，硬質藍紋起士已經納入我家菜單了。

話真不能説早，才幾年時間呢，這輩子，這麼快就到頭了！當年説了「這輩子絕對不吃藍紋起士」這話的我，還真是天真。

●● 1 人份食譜

基底	上層綴盤
冷凍香蕉半根	芒果（切小塊）
冷凍蘋果 1/4 顆	百香果
凱特芒果半個	綜合堅果
無糖優格 3 大匙	椰絲
	奇亞籽

芳香萬壽菊葉（可省略，或以其他綠色葉片替代）

●●作法

1. 將基底材料打成均勻柔順的果泥，倒入碗裡，擺盤。

2. 將奇亞籽撒成長條狀，奇亞籽上放堅果，淋入百香果。

3. 依喜歡的方式放入芒果丁，撒上椰絲，最後以葉片點綴即可。

●● Tips

· 冷凍水果前，要剝皮的水果一定得先洗淨剝皮，切成果汁機可以順利攪打的大小。再依每次用量一
　份份分裝，不然凍住了，就剝不開啦。

· 如果水果泥太黏稠，可以適度加些液體，讓果汁機順利運轉。

· 凱特芒果也可用其他品種代替。

橘子巧克力

（金桔、巧克力、香蕉）

橘 子 巧 克 力

我不是一個容易被巧克力迷惑的孩子，以前老師、同學拿巧克力誘惑我，說：「你做了這個、那個，還有這個、那個，我就給你巧克力。」通常我是不為所動的。拿香辣烤肉串來做誘餌，效果就不一樣了，什麼都有得商量。

當我還是孩子的時候，我沒吃過帶著一點苦味、一點刺激，又有清爽酸甜滋味的巧克力。那時候的巧克力，大部分都是牛奶加糖的味道。我喜歡牛奶，喜歡糖，但不喜歡牛奶加糖。偏偏各家糖果公司把巧克力都統一編輯成了這種味道，以致我「誤入歧途」，誤解了巧克力好多年。

關於味覺的覺醒，成長是個好伙伴。有些味道，一定得等你老到一個程度，才有辦法欣賞。不是都說，食中第九味，是歷經人生淬鍊而後領悟的味道嗎？

嚐到糖漬橘皮巧克力，是大學的事。當時朋友買來這新奇零食，她跟我推銷橘皮巧克力的迷人時，臉上甜蜜地笑著，一對眼睛閃著像糖霜結晶那樣可愛、燦爛的光。她的笑容這麼甜，讓我覺得這巧克力一定好吃。

結果，還真的好吃。糖漬橘皮不只有甜，還有一股柑橘的酸香；搭配巧克力，有著彷彿蜜釀的醇厚。我很感激她曾經在這麼甜蜜的笑容裡，給了我一包糖漬橘皮巧克力，以至於我沒有錯過

那苦澀中，帶著濃烈芳香的巧克力。

成長過程中總有些轉折，讓你不再侷限於曾經習慣的味道，那些原本你覺得今生無緣的林林總總，在一個機緣下，就突然牽上了紅線，讓你轉而有愛。那個扭轉你人生的朋友，像不像是來自命運的信使呢？對我來說，巧克力是一件，吃苦也是一件。做菜，又是另外一件。但這些，都說來話長了。

糖漬橙片巧克力，糖漬橘皮巧克力⋯⋯我喜歡的巧克力口味，是帶著點苦味的巧克力，搭配漬過糖，還保留著柑橘香味的柑橘皮，結合出一種類似水果酒發酵一樣的味道。所以，我感覺，若能夠欣賞甜蜜中那一絲令人回味的苦，這副舌頭對味道的要求，大約已不再能滿足於單純的甜美或鹹香，必須還有多一些轉折。

橘子在秋天之末上市，大多還是綠綠的皮，橫切剖面，橘黃的果肉是迷人的車輪形。在優格裡加入黑巧克力粉，能讓這一碗優格特別地入口厚重，回返出一種成人的味道。這是一份，成人限定的思慕雪。

●●○ 1 人份食譜

基底

冷凍香蕉半根

金桔汁 1 顆量

無糖優格 3 大匙

無糖巧克力粉適量

上層綴盤

橘子（去皮，橫切三等分）

金桔（對切）

藍莓

野生藍莓乾

奇亞籽

薄荷葉（可省略，或以其他綠色葉片替代）

●● 作法

1. 將基底材料打成均勻柔順的果泥，倒入碗裡，擺盤。

2. 表面均勻撒上奇亞籽，大略撒上藍莓，擺上金桔。

3. 最上方擺橘子片，隨意撒上野生藍莓乾，最後以葉片點綴。

●● Tips

· 冷凍水果前，要剝皮的水果一定得先洗淨剝皮，切成果汁機可以順利攪打的大小。再依每次用量一
　份份分裝，不然凍住了，就剝不開啦。

· 如果水果泥太黏稠，可以適度加些液體，讓果汁機順利運轉。

35 度 C 陽光的浪漫

（火龍果、香蕉）

35 度 C 陽光的浪漫

我對火龍果的第一印象，有著純粹的誤解。高中放暑假第一天，在大太陽底下我從宿舍返家，下了公車，在田野間的路途上，一片紅磚牆上蜿蜒崢嶸，赫然發現是攀爬的仙人掌，驀然間，彷彿看見盛開的曇花。曇花白天也盛放的嗎？這著實讓我嚇了一大跳。

後來長大，當然知道了，這是陽光帶來的禮物，火龍果。它的紅色果實皮表像陽光火焰，35 度 C 經常的高溫中，它赤豔豔地張揚著，一點都不輸給太陽的熱度。但又在張揚的果實之前，開出了潔白而寧靜的花朵，在奔放與嫻雅之間，它矛盾又和諧地平衡著。

紅色火龍果的味道，我總覺得有著一股特別的脂粉香，但身邊的朋友糾正我說，是檀香！

香味的認知差距，成因太過複雜，在此不追究。本來覺得它的外表太張揚，但吃過之後，覺得甜味清新，不膩口。而且紫紅色果實實在非常討喜，不管什麼時候看，都覺得喜氣洋洋的。面對這樣的紫紅色，像是對著一張歡喜笑臉，很難發脾氣。

在台東旅行的時候，飯店的早餐檯有一道乍看像是迷你型朝鮮薊的清炒。我很喜歡這新奇的食物，在清脆的口感間，有滑溜的觸感。問了侍者，他說是火龍果的花苞。這又是一件驚喜，原來火龍果的花苞，清炒起來這麼爽口呀！火龍果總是給我帶來驚喜，不管是顏色，還是我與它相遇的經歷。

火龍果這麼討喜的顏色，就這麼維持吧！只要在優格跟香蕉的基底裡，給它一些滑潤感，就足夠了。

季節剛好，在超市買到了一大盆新鮮的覆盆子跟黑莓。紅、黑相間，排列在明豔的紫紅上，豔麗與沉靜，不正是一盤美麗的對弈嗎？

我住的山上，山風強盛，風中有一股冷冽的淒然味道。捧著一碗紅坐在窗口，新鮮的莓果帶來清冽的酸香。為了搭色而配上了葉片，咬在嘴裡，飄散出一股溫厚又含著青草味的甘甜。

一口吃下濃豔的火龍果昔與酸香莓果，這一整碗簡直可以比美太陽，紅灩逼人，又沉著安定。恍惚間，冬陽也有了攝氏 35 度的熱力。

●●○ 1 人份食譜

基底

小顆冷凍紅肉火龍果半顆

冷凍香蕉半根

常溫香蕉半根

無糖優格 3 大匙

上層綴盤

覆盆子

黑莓　　　　　　　　　　　　　　　　奇亞籽

椰子脆片　　　　　　　　　　　　　　芳香萬壽菊葉（可省略或以其他綠色葉片替代）

●● 作法

1. 將基底材料打成均勻柔順的果泥，倒入碗裡，擺盤。

2. 先撒上奇亞籽襯底，按照喜歡的排列方式放入覆盆子與黑莓。

3. 最後撒點奇亞籽與椰子脆片，擺入葉片點綴即完成。

●● Tips

· 果泥打到融合柔順即可，不需要過度研磨。

· 在基底中加入半根常溫香蕉，可以適當增加果泥甜度。

· 排列水果時不需太規整，樸素點反而會有特殊的美感。偶有失誤，也可以撒些椰子絲或插上小葉片
　裝飾。

· 冷凍水果前，要剝皮的水果一定得先洗淨剝皮，切成果汁機可以順利攪打的大小。再依每次用量一
　份份分裝，不然凍住了，就剝不開啦。

· 如果水果泥太黏稠，可以適度加些液體，讓果汁機順利運轉。

習 慣

（蘋果、抹茶、香蕉）

習　慣

我們被習慣豢養著，也被習慣寵著；有時候，也被習慣困窘著。比如調味這件事。

秋來柚子肥美，除掉整片白膜後，剝下完整果囊，一口氣放進嘴裡，非常過癮。我還會把整片果肉爽快地伴著優格一起入口，柚子果汁在嘴裡迸裂開來，一瞬間柚香滿溢口腔，非常滿足。有人說它是水果界的魚子醬，大概就是這種感覺。

打好了抹茶蘋果優格，再看看籃子裡的柚子，突然想試試習慣以外的搭配。

有些吃東西的習慣，毫無道理地深入我們的生活與意識。

我的母親曾有一度熱愛廚藝，在短暫的時光裡，我感覺她最拿手，也最鍾愛的一道菜，是生切鳳梨成扇形，不沾鹽，擺在餐桌上配飯。我吃著沙茶牛肉，她卻是連夾好幾塊新鮮鳳梨配白飯吃。以為她很愛吃鳳梨，後來卻發現，她不吃白飯的時候，其實根本不太吃鳳梨。

後來聽她聊起，才知道這是她童年在屏東的吃法，這道鳳梨菜，就是她的私己菜。母親說這是他們客家人的吃法，雖然市面上的客家餐館我沒見過這道菜，不過這是她說的，就這樣吧。她老來吃這道菜時的表情，滿滿是在回憶中看見風景的滿足。

新鮮鳳梨在白飯裡的存在，是不是像醃酸甜蘿蔔、淺漬小黃瓜這樣的調味小菜呢？我曾經如此設想。

不過，最近幾年看見 Vegan bowl 也是把沒有調味過的蔬菜、水果跟米穀雜糧圍在圓碗裡排列，始覺得自己小看了母親的這個習慣，也被自己的飲食習慣圈禁了視線。

Vegan bowl 跟 Smoothie bowl，都是把一只碗當成了「料理的衣裝」。在碗裡，裝入自然呈現果肉顏色、蔬菜紋理的食物，以最低限度的烹調方式水煮或微煎烤，甚至不經過烹調，以食材的天然味道互相搭配組合起來，這時另外加入的調味劑，就不是這麼必要了。母親的鳳梨飯習慣，也是這個道理。

以我的胃口，新鮮鳳梨加上白米飯，味道是單調了點。我的味覺習慣裡，可能需要更多變化。如果加點番茄、黃瓜、生菜葉、檸檬汁、帕馬森起士粉，還有核果、葡萄乾⋯⋯這一碗的味道，就是我理想的風味了。

吃久了 Smoothie bowl，愈來愈習慣組合食材裡的鮮、甜、苦、澀、甘。本來做菜這件事，就是你愈瞭解手上食材可能產生的各種味道，愈能夠在最低的料理、調味限度下，找到你最理想的、追求的味道。

最近的早餐流行風潮，從罐子沙拉、罐子麥片，到現在的「碗食時代」，像從盤子吃到罐子，再回到碗裡。料理的方式擴充了習慣的範圍，能增加趣味，也豐富了味道。

優格裡加上柚子，雖取得了清新的柚香，但甜度稍嫌不夠。除了蜂蜜與糖漿之外，還可以試試加入水梨或蘋果的甜。不做做看不會知道，原來柚子跟蘋果，也能搭出很優雅的香味和甜度呢！

●● 1 人份食譜

基底

冷凍香蕉半根

冷凍蘋果 1/4 顆

無糖優格 3 大匙

抹茶粉適量

上層綴盤

文旦柚（取果肉）

綜合穀類 Granola

野生藍莓乾

椰絲

芳香萬壽菊葉（可省略或以其他綠色葉片替代）

●● 作法

1. 將基底材料打成均勻柔順的果泥，倒入碗裡，擺盤。

2. 放入大量 Granola，交錯放置文旦柚。

3. 撒入椰絲、野生藍莓乾，及些許穀類。最後以葉片點綴即可。

●● Tips

· 這是一份有抹茶粉，也有豐富纖維的思慕雪。加入大量穀類能平衡空腹對抹茶粉、纖維較為敏感的
  狀態。

· 選用 Granola 作為添加的穀物，會比較有咬勁。

· 冷凍水果前，要剝皮的水果一定得先洗淨剝皮，切成果汁機可以順利攪打的大小。再依每次用量一
  份份分裝，不然凍住了，就剝不開啦。

· 如果水果泥太黏稠，可以適度加些液體，讓果汁機順利運轉。

生日蛋糕

（草莓、蔓越莓、香蕉、豆漿）

生 日 蛋 糕

我小時候認為，生日蛋糕一定只能是草莓蛋糕。而且，絕對、肯定、必須，是那種圓整的純白奶油上，只鋪滿鮮紅色新鮮草莓，撒上如白雪的糖粉，一整個白雪紅莓的世界，沒有其他不明物體來濫竽充數的草莓蛋糕。

這當然只是一個草莓控小孩的固執和執著。世界上的生日蛋糕，就像流行時尚在各地流轉一樣，每一分鐘都在世界某個角落變化著。我本來對蛋糕和奶油也沒有太大的激情，執著如此，大概還是為了新鮮草莓在白色蛋糕上的鮮豔莓果顏色，還有那一絲酸甜的莓果味。

這世上愈是執著的事，讓人失落的時刻愈多。我小時候的草莓味覺體驗，跟許多草莓控一樣，曾在許多方面失望——廟口的棉花糖，明明說了是草莓口味，卻沒有草莓的酸香；蛋糕店的慕斯草莓太濕軟，還黏著一層黏液；冰淇淋裡的草莓，太甜……

「實在挺麻煩，」老公說，「直接吃草莓不就好了。」

「那不一樣的……品嚐甜點上酸、甜、脆的草莓，是福至心靈的享受啊！」我想，那年執著於草莓的小女孩的我會這樣回答。

對某一類品種的草莓控來說，任性，是毫無理由的。每年冬天上市場的心情，除了開心之外，還多了一些甜蜜的興奮期待。因為，我們本地的草莓上市了。過了漫長的夏天和秋天，終於，在東北季風一

88

波波抵達時，台灣各地的草莓也紅了。

思慕雪能帶來莫大的草莓樂趣——放一大把草莓在優格裡，還有長在更寒冷地帶的蔓越莓新鮮盛產，也抓一把、攪在一起；擺盤時，切碎的草莓鋪在盤底；頂端放置核桃乾果後，再撒一堆碎草莓。綴上黑色巧克力，給予一些成熟迷人的苦味；摘下桃紅花瓣，輕輕點綴在四周，像在清新的風中飄落蛋糕上。這是由裡到外，被草莓淹沒的快感。在需要振作精神的清晨，雙重莓果綿密的酸甜，從味蕾開始，把靈魂都叫醒了。這一碗，不是蛋糕，是一份早餐。但此刻端著它，真想把它當作一份生日蛋糕，送給小時候的自己。

據說，紅色的漿果是上帝的果實，又抗發炎，又抗老。人家說的是營養，我卻覺得說的是顏值——難道有比紫紅色系的莓果長得更可愛的水果嗎？！
台灣雖然在北半球，但天氣炎熱，漿果類不大豐產，幸好北半球溫寒的莓果每年夏末開始盛大的豐收。雖說要「吃在當地」，但畢竟莓果如此營養，又特別美麗，就讓人想讓本地的草莓也見見來自北地的各類莓果伙伴，來個一年一度的祭典。
每一場豐收，都是難得的遇見呀！

●● 1 人份食譜

基底

大顆草莓 5 顆

蔓越莓 5 顆

冷凍香蕉 1/2 根

無糖優格 3 大匙

豆漿適量

上層綴盤

草莓（切小塊）

綜合核果

巧克力屑

天竺葵花瓣（可省略，或以其他花瓣代替）

荷蘭芹（可省略，或以其他葉片代替）

●● 作法

1. 將基底材料打成均勻柔順的果泥，倒入碗裡，擺盤。

2. 先在碗中央放一小疊切碎的草莓顆粒，再依序撒入綜合核果、切碎的草莓顆粒、巧克力屑。

3. 最後以花瓣跟荷蘭芹妝點即可。

●● Tips

· 如果是使用冷凍漿果，果泥較濃稠，可以多加一些豆漿。

· 若是買到小顆的草莓，可以放入 10 多顆。把切小塊的新鮮草莓置中沉入果泥底下，再拌著吃，會更有口感。

· 冷凍水果前，要剝皮的水果一定得先洗淨剝皮，切成果汁機可以順利攪打的大小。再依每次用量一份份分裝，不然凍住了，就剝不開啦。

· 如果水果泥太黏稠，可以適度加些液體，讓果汁機順利運轉。

色相漸層

———————◆———————

（藍藻粉）

色 相 漸 層

前幾年開始，白色的湯圓、包子和吐司，突然顯得冷清單調，感覺像住進了冷宮的正宮娘娘，因為彩虹湯圓、彩虹吐司、彩虹包子都出現了。在我分享的社群相簿中，食物的模樣五色紛陳、七彩絢爛。

這讓我想起有一度，太多顏色的食物是被嫌棄的，因為聽說人工色素吃多了不好。色素的不自然像是一種邪惡身分，橫眉冷對千夫指，對應現在彩色食物的境遇，真是滄海桑田，變幻人間。

白淨淨的那幾年，我覺得食物們看起來每樣都冷靜自制，有一股素雅的修道者風範，節制、簡潔、樸素。

經過這些年，關於天然彩虹色素的淬鍊，出現愈來愈多簡便方法，食物的顏色也就複雜絢麗了起來。

我喜歡彩色湯圓，還有彩色的思慕雪。把五顏六色的湯圓放在綠茶茶湯裡，放在雪白豆漿湯底裡，放在深紅褐色的普洱老茶裡。圓滾滾的湯圓，看起來都有一種童趣的甜美。前陣子還看到塗上漸層色奶油的吐司麵包、漸層色的優格思慕雪，這些華麗的顏色，讓我認知到自己真的是一個色票迷。

第一次感受到色票鋪陳華麗的魅力，是在小說《世紀末的華麗》中。小說家寫的是流行時尚，把布料的顏色疊起來寫，畫面上應該是一疋又一疋的布料，我看見的卻是一桶一桶華麗的燦爛的油彩潑過來，驚豔於色彩之斑斕。顏色迷人，顏色的名字迷人，顏色的情境也迷人。藍如陽光大海，如星空；紅的，像一疋絨布；黑色神祕；紫色有一股風流豔情……本來是要填飽肚子的，眼睛和幻想，卻先被填滿了。

現在替食物染色，不只打造新的顏色，還留下了特別的健康元素。愈鮮豔的食物，營養成分愈特殊，這大概是從前的人想不到的事。

東方食物有五行之色，這是傳統認知。韓國的「青、赤、黃、白、黑」，是宇宙的方位，也代表酸、苦、鹹、甜、辣。日本食物的五色也差不多，不過，更偏向色調上的講究。而中國的五色五行，還有各別主導心、肝、脾、肺、腎的說法。

不過，我們如今吃的食物顏色，大概已超越了傳統對食物顏色的認知範圍。我總想，我現在做的藍色思慕雪，如果穿越到了幾百年前，大概所有人都會覺得是毒藥吧！

● 1 人份食譜

基底

無糖優格 4 大匙

藍藻粉適量

上層綴盤

白肉火龍果（大球）

綠葡萄

奇亞籽

椰子脆片

椰絲

綜合穀類 Granola

●● 作法

1. 將基底材料打成均勻柔順的泥，倒入碗裡，擺盤。

2. 碗中一半面積撒上奇亞籽、椰子脆片，再疊放火龍果球與綠葡萄（可切半）。

3. 周圍擺上綜合穀類 Granola，再撒上椰絲即可。

●● Tips

・可依顏色需求將藍藻粉加入豆漿或牛奶，靜置一夜，即可釋出偏藍的顏色。

酪梨的滋味

————◆————

（酪梨、奇異果、蘋果、燕麥奶、薄荷）

酪 梨 的 滋 味

老實説，我對酪梨的第一個印象是：挺土氣的。我們家親戚種了一棵酪梨樹，每年夏天開始，樹上就源源不絕地長出沉甸甸的酪梨。親朋好友會圍在樹下，剖腹殺酪梨，取籽割肉，切成一塊塊像黃綠色的豆腐乾，然後……沾蒜頭醬油。大人吃了總説：「啊！簡直就是 o ～ toro 啊！」我卻覺得，鮪魚腹肉加蒜頭醬油之類的，感覺很像田裡阿伯們的下酒菜啊！

我小時候很討厭蒜頭醬油的蒜頭味，因此，很悲慘地，我就這麼與酪梨失之交臂，造化弄人般錯身而過了。但，有時候錯過的遺憾，也未必是真的遺憾。前幾年，我開始想好好跟家人吃早餐，於是買書、上網蒐集菜單，又突然發現玉體橫陳在烤麵包片與白米飯上的酪梨，十分具有超級明星的架勢。

這是個看臉、看顏質吃飯的時代，酪梨的明黃淺綠果肉，層次鮮亮，比例均衡，天生麗質。加點白色起士、深綠色芝麻葉、紅色小番茄，紅、白、青、黃，放在餐盤上，食欲增進率百分百。

這大約是我們家迷戀酪梨的入門第一式，也幸好是個讓人著迷的開始。能以如此簡單的組合來感受酪梨的味道，我覺得自己無比幸運。不僅僅是憨厚可愛的蒜頭醬油沾酪梨，酪梨的樣子也可以很時尚、很漂亮，完全是精緻優雅的小前菜。

酪梨本身味道清淡，但果肉油潤滑順的質地很迷人。若沒有番茄的酸甜、起士的豐潤、芝麻葉的婉轉清苦，往往襯不出酪梨的綿密，也將少了許多味道。

酪梨也非常營養，據說其中的不飽和脂肪酸成分，是素食者的營養庫。酪梨有非常強烈的可塑性，跟燻鮭魚、鮮蝦和蟹肉也能搭出清爽又豐厚的海鮮味。日本王子飯店的廚師，還將酪梨與奶油、醬油、海苔、七味粉搭配，做出了北海道奶油飯風格的酪梨飯。

從東方的醬油到西方的起士，酪梨的調味寬度，堪比海納百川。

做菜的菜式，有很多規矩，但做菜的菜式，有時候也沒有規矩。到底正確的規矩是什麼，正確的食譜配方是什麼？我想，就跟酪梨的滋味一樣，你自己嚐過，感覺對了，那就是你的配方跟味道了。

前夜沒有特別採買食材，只能早上起床後，到小陽台上摘一把薄荷葉，和存放冰箱裡的水果、酪梨、優格一起做成一碗思慕雪。滑順是理所當然，畢竟用優格搭配了酪梨，但也因為薄荷的涼感青澀，又多了一分刺激的口感。這個早晨，很醒腦啊！

●● 1 人份食譜

基底

小顆酪梨 1 顆	優格 3 大匙
奇異果 1/4 顆	燕麥奶 1 大匙
蘋果 1/8 顆	
薄荷葉 1 小把	

上層綴盤

香蕉（切片）

奇異果（切片）

野生小藍莓乾

椰絲

奇亞籽

薄荷葉（可省略，或以其他綠色葉片替代）

●● 作法

1. 將基底材料打成均勻柔順的果泥，倒入碗裡，擺盤。

2. 奇亞籽在碗中央撒成長條狀，撒上椰絲。

3. 在椰絲旁，排列野生小藍莓乾。放入香蕉、奇異果片。

4. 最後以綠色葉片點綴。

●● Tips

· 酪梨、蘋果都是容易變色的水果，為了確保新鮮，請盡快食用。

· 如果水果泥太黏稠，可以適度加些液體，讓果汁機順利運轉。

來自國旗的靈感

---◆---

（鳳梨、小番茄、梅子粉）

來 自 國 旗 的 靈 感

不管你問哪一個飲食系統，卡布里沙拉（Caprese salad）的食譜說明中，都有一項：「這是義大利國旗的顏色。」有的說，這是象徵勝利的顏色組合；有的說，這是地中海顏色的象徵。乳酪、香草、番茄，白、綠、紅，很單純的顏色，很鮮亮的顏色。浮目、麗色、燦眼，就跟地中海的陽光一樣強烈。

但，很多人都覺得這項小菜的組合，其實是地中海居民的驕傲。因為有他們最盛產的橄欖油、被無節制的陽光晒得紅透的番茄、可能是早上才晾起的新鮮水牛乳酪，還有遍地都是的羅勒葉。

依照土地與物產的狀況，在我們亞洲，應該就是蔥花醬油涼拌白豆腐的感覺吧！不過，咱們的涼拌豆腐，其中留白的餘韻，跟顏色節制渲染的克己氣氛，可能更多一些，畢竟我們是有禪境的東方嘛！

Caprese，很基礎，很美味。而且，我總感覺，它是餐桌上美味與美麗靈感的來源。當你需要一些最基本，卻又能提供畫面、靈感的東西時，Caprese就會是很好的選擇。

秋冬以後，台灣的小番茄進入最甜美的季節。蜜香的、橙香的；金黃色的，淺紅、深紅的，草綠色的，黑色的……顏色豐富，擺在竹簍裡，光潔閃亮。日本的番茄專賣店曾經販賣過「番茄寶石箱」，把各種顏色、大小的番茄，擺在梧桐木片做的圓形木箱子裡，燈光閃爍下，真的像寶石的光彩。

番茄的吃法很多樣，根據品種採不同的吃法，最是過癮。

黑柿番茄要淋上南部的薑汁醬油，我母親特別喜歡薑汁醬油膏，又酸又甜又鹹，還有點辣。「桃太郎」之類的大番茄，適合做湯、做醬。帶藤番茄就要撒上鹽、現磨胡椒，淋橄欖油，進烤箱烘烤 20 分鐘，讓番茄皮些微開綻，再拌上鮮綠羅勒葉，入口噴汁香滑，是難忘的爆漿美食。新鮮玉女小番茄，洗淨入口，甘甜如蜜……

我們的水果攤都很貼心，不管買什麼大小的番茄，都送你兩包梅子粉。梅子粉帶來淺漬般的風味，讓大大小小的番茄，都沾染出了新鮮漬菜的酸甜風味。有一陣子，連鳳梨攤販都會送上梅子粉……這應該是台灣特有的風情了，因為我在其他地區幾乎都沒見過。

做思慕雪時，把鳳梨冷凍，增厚口感，再加上番茄跟梅子粉，就台味十足。

那麼，碗上的綴飾，要給予什麼樣的視覺調味呢？就 Caprese 風吧！切片番茄，間入羅勒葉，最後，是給予豐潤感的白色優格。

這，是台灣海峽的陽光風情吧！

●● 1 人份食譜

基底

冷凍鳳梨 1/8 顆

小番茄一大把

梅子粉一包

上層綴盤

小番茄（縱剖）

甜羅勒葉

無糖優格

●● 作法

1. 將基底材料打成均勻柔順的果泥，倒入碗裡，擺盤。

2. 將番茄擺滿 1/2 碗，甜羅勒葉穿插置於番茄間。

3. 最後以優格點綴即可。

●● Tips

‧ 水果用冷凍或新鮮的皆可，口感不同而已，隨你當下的心情決定。

‧ 梅粉用量，為一般水果店會贈送的包裝分量。

‧ 冷凍水果前，要剝皮的水果一定得先洗淨剝皮，切成果汁機可以順利攪打的大小。再依每次用量一
份份分裝，不然凍住了，就剝不開啦。

‧ 如果水果泥太黏稠，可以適度加些液體，讓果汁機順利運轉。

雪地之花

（紅心芭樂、蔓越莓、香蕉）

雪 地 之 花

廚師的眼裡，是不是經常能看見一座花園呢？

去了幾家餐館，春天的白瓷盤上，烤魚片有撒落的櫻花瓣；夏天，方形黑陶石冰鎮著生鮮甜蝦，以粉色石竹點綴；秋天，提拉米蘇旁有一片正紅的楓葉；冬天，南瓜濃湯正中央一朵紅色金蓮花，旁邊漂浮著幾片荷葉般的葉子。

花朵入菜，是浪漫，也是提味。而我見過最沒有限度的花花草草菜色，是北京烤鴨的脆皮鴨胸上，放了幾朵紫色夏董……烤鴨的皮酥油發亮，夠奪人心跳了，還需要這麼花嗎？再說，夏董的味道，在烤鴨的焦香鴨油、甜麵醬的濃稠甜郁、青蔥的嗆味逼迫之下，存在感等於零。這是我記憶中，好薄弱的花朵裝飾方式。

不過，即使只存色相、味道不可考，烤鴨上嬌嫩嫩紫色的夏董，還是給我留下了深刻印象啊！這真是「以色事人者」最強大的吸引力了。

餐盤上的花朵草木，給了我們自然的想像。在懷石料理中，是對季節的感受；在 Michel Bras 的法式料理盤裡，是散步在鄉村草地一隅的花園沙拉。而日本廚師米田肇，在直徑一公尺的圓盤上，以花與食材堆成了地球主題的沙拉，像從星辰俯瞰森林島嶼。

廚師們的花樣心情，在盤裡、碗裡，有著一目了然的心花怒放。

然而在我小時候，家裡的餐桌上，除了油菜花跟白花椰菜，很難有類近的植物。甜點上的花就比較常見了，只不過，是蛋糕上的奶油「花」。十幾年前，頭一回吃香草沙拉，看見琉璃苣紫色的小花撒在綠色萵苣中，稀罕得不得了，覺得好夢幻啊！所以小説家才説：「當初驚豔，完完全全，只為世面見得少。」當然，以後就算世面見得多，那些經過細心安排的花朵，還是美麗的。

思慕雪以花綴盤，是挺對味道的。尤其是香草的葉子和花，帶著點香氣跟淡淡酸味或甜味的花，也都挺合適。

北大路魯山人説：「器皿是料理的衣裝。」那是一百多年前的事了，現在的料理不只是器皿，就連食材都是一件件裝飾著四季流雲彩霧的時尚。

深秋將近的時候，紅著一顆心的芭樂悄悄出現在市集裡。翠綠的表皮，切開後，嫩紅嬌俏。切成片片花瓣，擺成一朵花，紅心芭樂與優格就這麼融合出獨特的味道。

聽說北方下雪了，在雪地裡，能夠這麼明豔灼然的，也就是山茶花了。在碗中撒下椰絲，想像著一朵在雪中搖動花瓣的山茶，開得恬靜、安然，這是我們開在碗中的花園風景。

●● 1 人份食譜

基底　　　　　　　　　　　冷凍香蕉半根

冷凍紅心芭樂半顆

冷凍蔓越莓一大把

無糖優格 3 大匙

上層綴盤

紅心芭樂（切片）

椰絲

芳香萬壽菊葉（可省略或以其他綠色葉片替代）

●● 作法

1. 將基底材料打成均勻柔順的果泥，倒入碗裡，擺盤。

2. 芭樂從碗的外側開始，一圈圈逐層往裡排列成花朵狀。

3. 撒上椰絲，放上葉片點綴即完成。

●● Tips

· 冷凍水果前，要剝皮的水果一定得先洗淨剝皮，切成果汁機可以順利攪打的大小。再依每次　用量
一份份分裝，不然凍住了，就剝不開啦。

· 如果水果泥太黏稠，可以適度加些液體，讓果汁機順利運轉。

莓果的紫色力量

（藍莓、蜜棗、香蕉）

莓 果 的 紫 色 力 量

紫色，擁有一種神祕力量的氣氛。凡是紫色的食物，都有美妙的花青素，能抗氧化、清除自由基，還能預防疲勞。甚至，抵抗老化。像是西瑤池王母娘娘的神仙蟠桃一般，擁有神奇的魔力。

紫色的 Acai berry，也有個神話般的傳說。據説住在巴西亞馬遜流域的原住民戰士，每回出戰前，必攜帶並服用這種紫色的果實，使他們充滿能量和精力，補充戰爭中消失的體力。在我的想像裡，這不就是大力水手的菠菜罐、航海王的惡魔果實？

但 Acai berry 並不是莓果類，雖長著一副藍莓的樣子，其實長在棕櫚樹上。它擁有極好的抗氧化成分，是公認的超級食物。人們將它磨成粉、打成汁，摻在各式各樣的餐點、飲料，甚至化妝品裡。

夏天結束時，朋友從夏威夷回來，帶回來一身浸了海水的棕色皮膚，也帶回每天捧著一碗東西吃的習慣。她吃的，就是巴西莓果碗（Acai bowl）。

看她每天捧著吃，問她吃不膩嗎？她説，吃這個不會膩的，因為裡面的東西每天都有點不同，組合很自由，像在玩食物組合遊戲，又不需要動鍋動鏟。洗洗切切，果汁機打成泥，十分鐘完成。而且，光是吃，就覺得自己很帥。

捧著大碗公吃，帥什麼呢？

她說，因為夏威夷的衝浪帥哥都在街頭咖啡館、小食店吃這個，她覺得這一碗能量思慕雪，讓他們衝浪時更帥了。

「那個男孩眼睛是水藍色的，金色頭髮吃東西時就這樣在睫毛上一甩一甩，捧著椰殼碗的手指好修長。他捧著的那個碗，大小剛好是我的頭的 size……」

原來，她吃的是一廂情願的精神戀愛，白日漫遊的愛情幻想。我們在戀愛情境裡，免不了要喝些咖啡、果汁、茶，吃點優雅的餐，或象徵親密感的小食物。所以，也許某道食物裡，也散發著我們對某一次戀愛回憶的酸甜滋味。

先不管這位朋友跨越海洋，且毫無續集的愛情故事。「Acai Smoothie bowl」，已經成為一種時尚的食物。好萊塢明星吃它，美形的模特兒們吃它，健身教練、健康飲食信徒們也都吃它。它在社群網站 Instagram 上，散布著紫色魅力，掀起一股紫色浪潮。

它的樣子很簡單，也很特別。就是一口碗，但裡頭組合的綴盤食物，像是珠寶盒一樣。果物與花葉璀璨絢麗，甚至珠粉迷離，華麗地發著光。它既是甜點，也是果汁，更是一種主食。多元的身分，讓它宛如時尚界新誕生的超級混血模特兒。

我吃味道，也是吃色相的。必須得承認，就是這位「超級混血王子」開啟了我對思慕雪的無限興趣，然後對它變化無窮的顏色與具延展性的味道沉迷入魔。

這一年的秋天始終沒有來，一直到十月中了，氣溫還是攝氏 35 度。我的廚房窗口面南，逐漸南移的陽光，每天都像在焚燒我的廚房。但超市裡來自溫寒帶的藍莓，卻很有精神，紫亮紫亮的。新鮮藍莓吃

在嘴裡很清涼，打成藍莓思慕雪，特別地爽口。

沒有打開瓦斯爐的欲望，那就來一碗思慕雪吧！絞碎藍莓果實的瞬間，攪拌機裡傳來灌木叢裡的漿果味，灌木叢裡的酸涼，進入了我的鼻梢。再撒上一點紫蘇花，讓這陣涼風裡，有一道細微的花香。

●◐ 1 人份食譜

基底

冷凍香蕉半根

冷凍藍莓一把

去核加州蜜棗 2 顆

無糖優格 3 大匙

上層綴盤

藍莓

黑莓

椰子脆片

奇亞籽

紫蘇花（可省略或以其他綠色葉片替代）

●● 作法

1. 將基底材料打成均勻柔順的果泥，倒入碗裡，擺盤。

2. 先薄薄撒上一層奇亞籽，再由邊緣到中心，依喜歡的方式排列藍莓、黑莓。

3. 最後以椰子脆片、紫蘇花做點綴。

●● Tips

· 新鮮藍莓已有很健康的養分，但如果需要超級食物來補充營養，在基底裡多加入巴西藍莓粉，能讓
  你的早餐營養再升級。

· 冷凍水果前，要剝皮的水果一定得先洗淨剝皮，切成果汁機可以順利攪打的大小。再依每次用量一
  份份分裝，不然凍住了，就剝不開啦。

· 如果水果泥太黏稠，可以適度加些液體，讓果汁機順利運轉。

情迷地中海

（藍藻粉、蘋果、豆漿、香蕉）

情 迷 地 中 海

作為一種超級食物，藍藻粉帶來的視覺衝擊，像是一次食物界的時尚潮流。

藍藻，被 WHO 稱為二十一世紀最佳保健品，健康元素的含量像是濃縮分子那麼濃密。於是，我們的世界，前所未有地冒出了許多「藍色食物」。

藍色潮流中，美國首推「獨角獸咖啡」的粉藍拿鐵，澳洲跟進；日本人突發奇想，推出藍色拉麵；泰國的蝶豆花飯突然闖入 FB 視窗。而台灣，也誕生了許多藍色的蝶豆花饅頭、蝶豆花戚風蛋糕⋯⋯

但聽說，藍色是一種「減輕食欲」的食物。東方吃東西都有五行，青、黃、紅、白、黑五種顏色的食物，各有各的功效。搭配著吃，大約是五行調和、內功精進，這樣的感覺。藍色在五行之外，因為這是自然食物界很難有的顏色，而且古代人覺得不可口⋯⋯但這是曾經的説法了。在藍藻粉與蝶豆花橫空出世、掀起市場熱潮後，「藍色」已經成了勾動食欲的顏色，我也對藍色的食物懷著珍奇的興趣。

説到藍色，最迷人的，當然是地中海的海洋藍囉！我腦中最迷人的藍色，是盧貝松在西西里 Amorgos 島跟希臘地中海拍的《碧海藍天》裡，那片海水的藍。那片海，深邃、神祕，因為陽光的反射，海水特別亮眼，像調過的油彩，也被稱為「希臘藍」。這種藍色天生煥發著明星色彩，明亮、透明，散發著一種開朗微笑的氣息。我總覺得這是一種幸福的顏色，飽滿了陽光的溫暖、海水的清新，還有地中

海的祥和寧靜。看著看著，都想躺在躺椅上晒太陽。

但，想做出這樣美麗的藍色，光是加上藍藻粉，很難調出來。除非使用特殊配方，才能調出明亮的希臘藍。

對美的執著，落在料理上，就是一種生活樂趣。我在追尋「地中海藍」食物的實驗過程，獲得了許多趣味，目標是藍色，卻調出灰紫色、淺水色、藏青色、秋香色，意外頻出……但，失敗在所難免，玩得開心才是做菜的本味。不管是不是做出了心中的樣子，總是要吃下肚，被胃酸吞蝕的。

不是每個有「藍」字的食物，都能調出美麗的藍色。名字叫做「藍莓」的漿果，很遺憾地，果肉打成泥後，實際上是非常暗的紫色。而富有多種高單位營養的藍色螺旋藻，提煉成「藍藻粉」後，在牛奶或豆漿裡，會分離出一層漂亮的藍，沉澱出很深的綠。不過，這是一場光線的詭計。因為，把藍色液體和進果泥後，你得到的，將是暗沉的灰藍色。

灰藍色的思慕雪，像是陽光淡去後，陰天裡沉靜的地中海海面。那心境，就像一個曾經輕颺奔放的少年，多了一點成熟、沉穩和安定。

撒上一片椰絲，兩排小藍莓沿著碗緣，像是一條黑珍珠鍊子。摘下薄荷葉，挖了小火龍果球，做成一朵樹叢裡的紅漿果。這樣的灰藍色，特別沉靜、優雅。

基底

冷凍香蕉半根

蘋果 1/4 顆

優格 3 大匙

豆漿 1 大匙

藍藻粉少許

上層綴盤

紅肉火龍果（小球）

小藍莓

奇亞籽

椰粉

椰絲

椰子脆片

薄荷葉（可省略或以其他綠色葉片替代）

●● 作法

1. 將基底材料打成均勻柔順的果泥，倒入碗裡，擺盤。

2. 在邊緣大面積撒上奇亞籽，薄薄撒上一層椰粉。

3. 沿著碗的邊緣，排入兩列小藍莓。

4. 在邊緣處與碗中央堆疊小火龍果球，撒上椰絲，四周撒適量椰子脆片，再放上葉片點綴即可。

●● Tips

· 藍藻粉加入豆漿或牛奶中，靜置一夜，可釋出偏藍的顏色。

· 冷凍水果前，要剝皮的水果一定得先洗淨剝皮，切成果汁機可以順利攪打的大小。再依每次用量一

份份分裝，不然凍住了，就剝不開啦。

・ 如果水果泥太黏稠，可以適度加些液體，讓果汁機順利運轉。

性冷淡風

———— •◦• ————

（藍藻粉、火龍果、藍莓、香蕉、豆漿）

性冷淡風

有一回做早餐，拿了一塊黑色磁磚做沙拉盤，把麵包切片放木頭砧板上，配上白色淺碗盛紫紅色思慕雪。朋友看了照片，說：「你玩『性冷淡風』啊！」我連忙上網查了一下這個陌生名詞，原來是極簡風格的另一種說法：簡單、節制、色調不浮誇，充滿禁欲系的氣質。不管是在食物的分量上，還是餐具選擇、食物顏色上，都有著這樣留下空白、多些餘地的氣氛——看著看著，怎麼感覺很像中國禪宗山水畫的形容？

食物的禁欲系，到底是促進食欲？還是減少食欲呢？

聽說有家性冷淡風餐廳的麻婆豆腐，都要把紅辣熱鬧的麻婆豆腐，擺在像冰床一樣的大白盤中央，蔥段如竹葉鋪在一旁，顯得冷靜而沉默。

這矛盾又對比映襯似的形容詞語，我思考了一下，覺得充滿幽默感。不過，也確實是這樣。要精省，得先捨棄，最後留下來的東西也就充滿珍貴感。它看似低調，但低調表面之裡，隱藏著精心安排的奢侈物質。所謂「量少價高」，數量少，在人們心裡的價值就高，是這個原理吧。

所以，要顯示精簡的氣度，就不要擺得太豐盛了，免得看了太多食物，壞了胃口。有人覺得這樣很悶騷，但，悶騷就是目的啊！

明顯著擺，感覺放肆，又財大氣粗。低調著來，就像你在風景前，只開一扇小窗，風景是你精心選擇，

而且只給你想看的人欣賞。每一樣，都是思考後的設計，所以看起來會是不太親切、難以近人的冷淡。

想到這裡，我不得不默默地點幾個頭同意，「性冷淡風」這樣的形容是挺俏皮，還有些一針見血。

但，我自認我做的思慕雪很溫暖，顏色也挺繽紛的，哪來的冷淡感呢？

想了想，大約是餐桌的搭配吧。

木紋的桌子，黑色的磁磚，有刻痕的木質砧板，純白又造型簡單的碗；邊緣粗糙的法國麵包，鮮紅色的優格果泥，工整的水果切片，排列整齊的盤飾；桌邊陶盆裡，還有一盆樹上撿下來的乾果。

這是一個我喜歡又簡單方便的組合，不需要太複雜的餐具和餐點。也許沒有意識，但選擇了覺得漂亮的東西，組出來的，看在別人眼中，就是一種風格裡的情景了。只不過，風格無止境地玩，廚房裡堆疊的配件就會愈來愈複雜……這樣，廚房生活可就一點都不極簡啦。

●● 1 人份食譜

基底	上層綴盤
冷凍香蕉半根	紅肉火龍果（大球）
紅肉火龍果 2 塊	紅李（切片）
藍莓 10 顆	綜合果仁麥片
無糖優格 3 大匙	藍莓
豆漿 1 大匙	奇亞籽
藍藻粉適量	

椰子脆片

椰絲

椰粉

薄荷葉（可省略，或以其他綠色葉片替代）

●● 作法

1. 將基底材料打成均勻柔順的果泥，倒入碗裡，擺盤。

2. 碗中央撒奇亞籽，呈長條狀。奇亞籽上再撒椰粉。

3. 奇亞籽旁，排列藍莓呈直線。藍莓邊緣擺入李子片、火龍果球、綜合果仁麥片。

4. 麥片上方撒椰絲、椰子脆片，再以綠葉點綴即可。

●● Tips

· 火龍果水分多，做成果泥氣泡會比較多，是思慕雪特有的浪漫泡泡喔。

· 冷凍水果前，要剝皮的水果一定得先洗淨剝皮，切成果汁機可以順利攪打的大小。再依每次用量一
份份分裝，不然凍住了，就剝不開啦。

· 如果水果泥太黏稠，可以適度加些液體，讓果汁機順利運轉。

愛吃苦

（芝麻葉、香蕉）

愛 吃 苦

「酸甜苦辣，鹹澀腥冲」據説是比較中國的味道分類法。「甜鹹苦酸鮮」，或者「酸甜苦辣鹹」，五味雜陳，則是比較現代科學的分類法。

不管怎麼數，苦味，都是很基本、很必要的一個基礎味道。不過，這個味道的人緣，確實不好。天生「愛吃苦」的孩子我沒碰過，我自己也不是。而我的親人、好友，很大一部分到了中年還是不吃苦的，他們都説：「我命好，不吃苦。」

我小時候也是命好的，一點苦都不吃。Ａ菜、青椒、苦瓜、橘子瓣膜、柚子、太青澀的棗子……舉凡沾了一點不和諧味道的，概不入口。這該説是味覺敏鋭，還是味覺遲鈍呢？

如今想來，也許跟心境有關吧！就好像戀愛來臨，直到你為某一個瞬間而微笑，為某一刻心碎時，你才知道，這是愛情。

領悟芝麻葉魅力的那一刻，我在吃的是一份芝麻葉燻鮭魚披薩。匆忙咀嚼完畢，卻在等待咖啡與甜點中途，突然感到舌底一陣豐潤甘苦回味。啊！如此豐美。一陣心動。

芝麻葉的苦有一點特殊，入口先有芝麻香，然後出現苦味。並且，還有一些冲味；回返之後，豐厚的甘味又帶來一種優雅的滿足感，跟油脂的味道很搭調，還能解除乳脂與油味帶來的厚重黏膩。所以，

芝麻葉搭上核果、油、起士、牛排、五花肉、優格，苦味將變得若有似無之外，還有一種豐富的鮮味。有些味道，它的豐富之處，就在於甘、苦、澀、香的轉折。這不是單一的味道，卻可以帶你進入高台玩月、賞翫味道的天地。我想，也是成長的味道吧。

芝麻葉作為一個啟發味覺的愛人，非常低調又婉轉，必須要「驀然回首」，才會在燈火闌珊處，對你綻放苦澀美好的微笑。跟它的身世一樣，曲折，在峰谷之間跌宕。

我一直都以為芝麻葉是歐洲菜，最近才瞭解，中國大陸從東北到華南的水溝、山邊、休耕麥田裡，早有蹤跡，是農家眼中不太起眼，也不怎麼好吃的野菜。東北鄉民稱呼它「臭菜」，農家會摘來過熱水，或炒著吃。愈熱愈苦是它的特性，故此農家也不愛吃。因為這樣，連名字都臭了吧，我想。

芝麻葉其實有個雅氣又比較古典的中文名字，叫「芸芥」。有些食材特別有個性，你要以適當的方式料理它，它才會回報以無與倫比的美味。芝麻葉亦如是。農家不慣吃生的苦菜，因此，錯過了它。

芝麻葉默默幾百年來都是鄉村野菜，長在深山無人聞。近幾年，抗癌、治咳與多種營養功效被報導出來了，一時洛陽紙貴，又成了「高大上」的食材……所有生不逢時、時運不濟，或者遇人不淑的蔬菜們，在機運來臨前，沉潛吧！一定會有奔上芝麻葉如此地位的時間來臨。

●●○ 1 人份食譜

基底　　　　　　　　　　　　　冷凍香蕉半根

芝麻葉適量

無糖優格 3 大匙

椰子脆片

椰絲

椰粉

上層綴盤

奇亞籽

奇異果（去皮、對切）

綜合穀類 Granola

覆盆子

藍莓

●● 作法

1. 將基底材料打成均勻柔順的果泥，倒入碗裡，擺盤。

2. 碗中央撒椰粉，呈長條狀。再於椰粉上，依序疊上綜合穀類、椰絲、椰子脆片。

3. 奇異果輕輕放入碗中，旁邊撒奇亞籽。在奇亞籽上方放入藍莓。

4. 最後以覆盆子點綴即可。

●● Tips

· 芝麻葉本身帶有苦味，可依個人口味增減分量。也可加入蜂蜜或楓糖，增添風味。

· 冷凍水果前，要剝皮的水果一定得先洗淨剝皮，切成果汁機可以順利攪打的大小。再依每次用量一

份份分裝，不然凍住了，就剝不開啦。

· 如果水果泥太黏稠，可以適度加些液體，讓果汁機順利運轉。

南瓜燈籠

（南瓜、胡蘿蔔）

南 瓜 燈 籠

萬聖節的南瓜燈，通常很早就出現了。感覺氣溫還有三十幾度呢，怎麼萬聖節就來了！就跟才吃完年夜飯沒幾天，元宵燈籠就在商店裡擺上了一樣。

萬聖節的鬼臉燈籠一出現，我就想吃些南瓜。季節特產，莫名其妙地就勾起飲食欲望。這個季節，南瓜便宜又多種類，有栗子南瓜、台灣金瓜、美國種的南瓜，有比手掌還小的南瓜，還有特大的那種南瓜。挑個自己喜歡的南瓜品種，前夜買來切塊、蒸熟，隔天早上放進優格裡打到順滑。早晨做一碗純南瓜口味思慕雪，好像跟萬聖節也沾上邊了。

南瓜優格泥相當有飽足感，因為加了優格，口味很像南瓜濃湯。味覺上是濃厚的，南瓜甜味也非常鮮明，但特別清爽，絲毫沒有奶油的重量感，是另一種很適合清新早晨的風情。每吃下一口暖暖的橙黃，就感受一分秋天的豐收感。南瓜的橙黃色，是季節的溫暖。

這一碗南瓜，跟堅果、莓果乾、種子、椰絲特別搭調。南瓜搭配椰絲，本來就特別有香甜的南洋風味；乾莓果微酸甜，堅果、種子也都帶來脆爽咬感。如果不怕荷蘭芹的味道，荷蘭芹的香氣可以給南瓜一種清新感。

餐桌上吃著南瓜思慕雪，就聊到萬聖節燈籠，小孩子們都蓄勢待發，打扮成動物跟妖怪小鬼，等著萬聖節晚上去鬧街、擾人正事。畢竟難得「搗蛋」可以理直氣壯，「頑皮」是正經事啊！

說著說著，羨慕起搗蛋有理的年紀了。

幾年前，還見得到提著雕鬼臉南瓜、點蠟燭的孩子走在街上，燈籠鬼臉與孩子的鬼臉對映出一種童趣，很是可愛。但現在沒見到人提燈籠了。有些懷念南瓜鬼臉燈籠啊，蔬菜做的燈籠，就是有一種奇異的幽默感，不是嗎？

我們小時候，不過萬聖節，也不搗蛋，感覺品行端正。不過真相當然是，想搗蛋，也不允許你搗蛋。現在時代不同了，搗蛋都被官方認證了。

我小時候也特別喜歡提蔬菜燈籠，但提的當然不是南瓜鬼臉燈籠。同樣是蔬菜，元宵節的時候，提的是家裡做的白蘿蔔燈籠。冬天蘿蔔大盛產，把過熟了、芯發黑的肥大蘿蔔挖空，很樸素地沒有給它表情和五官，隨便鑿幾個洞，裡面插根蠟燭，就是個不怕燒壞的蘿蔔燈籠。夏天時，中秋節晚上，家人還做過西瓜燈籠、文旦皮燈籠。

這些都是小孩子的玩意兒，樸素、簡單可愛。小孩時喜歡，但長大就嫌太單調了。現在想起來，五官生動、表情活潑的南瓜燈籠，還真是華麗一族呀！

●●○ 1 人份食譜

基底

南瓜（蒸熟）1 碗

胡蘿蔔（蒸熟）2 塊

無糖優格 3 大匙

上層綴盤

綜合堅果

綜合果乾

椰絲

荷蘭芹（可省略，或以其他綠色葉片替代）

●● 作法

1. 將基底材料打成均勻柔順的蔬菜泥，倒入碗裡，擺盤。

2. 依序撒入綜合果乾、綜合堅果、椰絲。

3. 最後以葉片點綴即可。

●● Tips

‧ 胡蘿蔔可以增加甜度，用量可依個人口味增減。

熟悉或者陌生

（薏仁、桂圓）

熟 悉 或 者 陌 生

來自遠地的食物，受歡迎之後的下一步，大約就是「在地化」了。漢堡如此，蛋塔如此，壽司如此；感覺最近台灣的刈包在倫敦，也是如此。那模樣完全不是我們在夜市所熟悉的刈包啊，感覺是饅頭做的漢堡。

世界如此廣大，世界也如此狹小。五大洲的城市捷運系統、世界每個角落的購物商城、地球上人們冬天穿的羽絨衣……都如此類近，相差無幾。在我們的衣食與城市生活裡，不得不承認全球統一化的威力。感覺這是地球歷史上，各種族生活模式最相像的時代了。

「再過幾年，會不會在地球上要找到陌生而新奇的食物，已經是一件困難的事了呢？」熱愛世界旅行的朋友如此感慨。

不管到哪個稍有商業氣息的城市，肚子餓了，你總是能看到漢堡、義大利麵、三明治、披薩；南半球跟北半球的握壽司、生魚片，有時候也大同小異。菜單上、餐館裡，我們總能找到熟悉的菜名。

我們的世界，即使相隔千萬里之遙，也是又陌生又熟悉地互相靠近著。

思慕雪的氣質，大約就是「明日餐桌」上的未來派；是大家都陌生，但又覺得有些許熟悉的料理。它以健康為名，橫空出世，來於莫名。你覺得它新奇，但它跟優格、沙拉、蛋糕，卻又有點像。有時也

不同，因為它能改變所有基底食材，也可以加入任何新東西。以「健康」為名，想整治出新東西的念頭，我感覺隨時都在這道食物中發生。

思慕雪的基底可以有很多變化。我喜歡優格，特別是做早餐時，加了生菜、拌穀麥，像沙拉；加了水果、乾果，像健康的甜點。也偶然看過拿木棉豆腐做基底、加入花生醬的口味。

在朗朗日光下的溫暖冬日午後，突然，想做一碗溫綿口感，讓心裡溫暖的甜品。

釀了甜棗，泡上薏仁，剝了桂圓。還沒攪動刀片，回憶的漩渦先被翻搖。入冬時節，校園圍牆對面的塑膠棚底下，老冰果攤子的製冰刨刀被封了起來，旁邊爐火架上的大鐵鍋上，薰甜白煙在冷空氣中飄起。還沒過馬路，桂圓紅棗甜湯的溫暖已經蔓延街道。

煮甜湯、溫燒仙草，老冰館把鐵鍋架在戶外的棚子下，溫溫甜甜的空氣，即使行人偶然路過，心裡都甜甜暖暖的。

桂圓紅棗，是我們都熟悉的、讓冬天溫暖起來的香味。薏仁做底、打成泥，加入釀甜棗，這碗思慕雪，有滿滿溫厚的漢藥風。

●● 1 人份食譜

基底

熟薏仁 4 大匙　　　　　　　　　　　　桂圓適量

上層綴盤

龍眼（去殼）

蜜紅棗

枸杞

黑糖薑

●● 作法

1. 將基底材料打成均勻柔順的果泥，倒入碗裡，擺盤。

2. 龍眼堆放在碗中央，周圍放蜜紅棗，再撒入枸杞與黑糖薑即可。

●● Tips

· 黑糖薑，即是有薑味的黑糖。

· 不一定要使用蜜紅棗，若不想太繁瑣，使用一般紅棗即可。

· 蜜紅棗作法：鍋裡加 1 量米杯的水、2–3 大匙冰糖，中小火煮滾後，加入 1 量米杯的乾淨紅棗。再
  次煮滾後，轉小火煮 15 分鐘。加 1–2 大匙白蘭地，小火再煮 10 分鐘，熄火。靜置一晚，即可使用。

健康的想像

⋯⋯⋯

（酪梨、藍藻粉、鳳梨、燕麥奶）

健 康 的 想 像

身邊的健康族，分成幾個派別，有全素派、豆漿派、蛋奶派、蛋白質至上派、拔除澱粉派，還有減醣派、斷食派……浩浩蕩蕩，隨便算一算，都七大門派了。

對於怎麼吃才「健康」這件事，因為聽得多，我總感到有些猶豫。就是……吃什麼前，都先想想，這東西該怎麼吃比較健康？這樣吃會不會把好的營養給吃壞了？

後來覺得太忙於健康了，也記不了這麼多「健康原則」。所以，把書上跟醫生都說到的「均衡」搬出來，只要一天之中能吃到各種顏色就好了。我如此催眠自己，也安慰什麼都想吃，連不健康的炸雞、烤肉都想吃的自己。

雖然我聽過的活生生的健康達人食譜，有些也是相當不均衡的，但是他們的貫徹力，我很佩服。

有個朋友，每天早上就吃八顆蛋、一顆蘋果，他的理論是，早上有充足的蛋白質跟一些水果就可以了，不必吃澱粉。日復一日，他每天早上起床，第一件事就是煮八顆白煮蛋，還特別向放山雞的養雞場半個月訂購一整箱的雞蛋。他身材健美，運動能力非常好。

另一個朋友，貫徹的是能讓身材美好、充滿靈性的健康飲食。每天早上吃足雜糧、生菜沙拉和莓果，還要吃100克水煮肉片。他說，大腦養分由澱粉中的葡萄糖提供，一大早工作都是需腦力的，不吃澱粉，

人就笨。這位朋友瑜伽練得專精，仙風道骨。

養生到底該怎麼吃？問一百個人，會不會有八十八個答案呢？健康的答案，好像複雜了起來。

我感覺生活的四周，充滿著各種對健康的想像。而且，大家對「健康」的想像各有不同，要長生的，要纖體的，要有能量的，要避免疾病的，要充滿身體爆發力、嚮往肌肉群之美的……我對健康跟美好身材，當然也有夢想。不過，很不積極。

思慕雪，也被看成是一種健康食品，雖然是基於好玩、好看，才開始做著吃，但無意中吃得很健康，被別人誇獎是個很健康的人時，莫名地竟然有點心虛。「哈，我是吃它好看的。」在心底默默這樣説。比如，這一道使用的藍藻粉，其實單吃真的不美味。光是聞，我都覺得有一股藻類腥味。我看朋友吞不需要咀嚼的藍藻錠，表情也不是太美妙。但藍藻粉調出來的顏色，真的很好看，這時又覺得太幸運了，幸好是可以好好調味的食物。以「健康」作為理由都不能克服的食物，我覺得就是刺激料理靈感的來源了。把不喜歡吃，又覺得應該吃的東西改頭換面，混入優格、酪梨果泥，好好地裝飾，弄得漂漂亮亮的，也是沒計較地唏哩呼嚕吃完了。

人要衣裝，佛要金裝。我們的嘴巴，也喜好美麗的裝扮。

●●○ 1 人份食譜

酪梨 1/2 顆

基底

鳳梨少許

藍藻粉少許

燕麥奶 2 大匙

野生小藍莓乾

椰粉

椰絲

上層綴盤

奇亞籽

枸杞

薄荷葉（可省略，或以其他綠色葉片替代）

小藍莓

紅肉火龍果（小球）

●● 作法

1. 將基底材料打成均勻柔順的果泥，倒入碗裡，擺盤。

2. 碗中央依序撒入奇亞籽、椰粉。

3. 枸杞排兩排，兩排之間留空。留空處依喜好堆疊火龍果球，再放入適量小藍莓和野生小藍莓乾。

4. 撒上椰絲，再以葉片裝飾即可。

●● Tips

· 如果水果泥太黏稠，可以適度加些液體，讓果汁機順利運轉。

· 酪梨如果買到小型的，可使用一整顆。

少女時代

———◇———

（草莓、覆盆子、蔓越莓、香蕉）

少 女 時 代

關於蔓越莓果汁，我有一段青春的美好回憶，裡頭有分享，還有夢想。不知道是不是每個人，都有一段難忘的喝果汁時光？我的青春期，是包裝果汁時代。包裝飲料這種東西，從古到今大概都是長相繽紛的，不過我記得自己一直偏愛彩紅色系的飲料：五顏七彩的果汁、調味乳、碳酸水。色素和香精是絕對少不了的，濃縮果汁呢？可能還有那麼一點吧。總之，就算是合成飲料，都能喝出一種朦朧裡，讓青春爽快、讓歲月歡樂的情調。

學校放課後，從校門口一直走到補習街的這小段時間，書包裡有考卷，制服口袋裡有英文單字小卡。但我們一群高中女生，腦袋裡是空的。上學校的課很累，而接著還有三個小時的補習課程，更累。只有這一小段十分鐘的步行時間，像是偷來的時間，也像考卷上空白的答案格。我們不作答，腦子懶洋洋的，只想浪費時光。

一邊走著，人手一罐飲料在嘴邊，有一搭沒一搭地喝，一邊談電視上重播的連續劇，談最近上映的電影，調侃同學喜歡螢幕上的那張帥臉。在那些時候，我總挑了我最喜歡的顏色，蔓越莓汁。一罐飲料，幾個小時都喝不完，只是掛在嘴邊。

很多人喝飲料，不一定是為了解渴，有時候就是解饞。嘴巴饞，眼睛更饞，就是想喝點什麼，也看著自己喝點什麼。我喝果汁當然也不是因為口渴。

廣告都是這樣拍的：側著臉，可能連面貌都含糊而朦朧的文藝系男女，只要手持著一杯飲料，坐在木桌椅前，身邊窗戶灑下陽光、樹影，在清淡音樂下，就像一幅畫了。

我們都想活成一幅畫，所以要把自己喝成文藝 MV 裡的主角——飲料情，少女心啊！

少女時代喝果汁，長大一點，自己覺得自己挺文青的，果汁就不再能撐起文青畫面的背景了。於是，我開始喝咖啡、喝啤酒。

我對生活的想像，改變我選擇的食物，然後，延展了我的味覺寬度，更逐漸綿延了我的生活座標。

我的視線移動了，我的世界蔓延了。然後，嚐到了真實的蔓越莓果汁酸澀到難以入口的滋味。

雖然酸澀，其中卻也有一絲熟悉的少女時代的香味。

包裝果汁的年代過去了，現代少女們喝的飲料，更是花俏浪漫了。咖啡館有雲朵咖啡、雲朵果汁，還有夢幻的漸層藍色獨角獸飲料。相比起來，我的蔓越莓果汁，特別古樸。

蔓越莓原始的酸味嗆烈濃厚，但加到優格裡，能讓優格顏色鮮紅勻亮。調開稀釋後，會得到清新卻濃郁的莓果酸香，而且非常純正，完全不含色素的。

不管長到了幾歲，「活成一幅畫」，仍是心中一個美麗的夢想。而吃這樣一碗美麗的覆盆子蔓越莓優格果泥，正是一幅畫啊。

●●○ 1 人份食譜

基底

冷凍香蕉半根

冷凍草莓 4 顆

冷凍覆盆子 8 顆

蔓越莓 1 大把

無糖優格 3 大匙

上層綴盤

覆盆子

綜合穀類 Granola

綜合堅果（切碎）

奇亞籽

野生藍莓乾

芳香萬壽菊葉（可省略或以其他綠色葉片替代）

●● 作法

1. 將基底材料打成均勻柔順的果泥，倒入碗裡，擺盤。

2. 沿著碗的邊緣依序撒入奇亞籽、穀類 Granola。

3. 隨興放入掰成小塊的覆盆子，再加入堅果、野生藍莓乾。

4. 最後以葉片點綴即可。

●● Tips

· 若覺得口味偏酸，可增加香蕉用量，或加入蜂蜜。

· 冷凍水果前，要剝皮的水果一定得先洗淨剝皮，切成果汁機可以順利攪打的大小。再依每次用量一
份份分裝，不然凍住了，就剝不開啦。

· 如果水果泥太黏稠，可以適度加些液體，讓果汁機順利運轉。

【新書分享會】

《甜蜜之瞬
——Smoothie bowl 思慕雪食光》

作者：林蕙苓、楊梅香、蔡雨桐

2018 年 4 月 29 日（日）
時間：下午 2:30
地點：新手書店
（台中市西區向上北路 129 號）

洽詢電話：(02)2749-4988

＊免費入場，座位有限

國家圖書館預行編目資料

甜蜜之瞬—— Smoothie bowl 思慕雪食光 / 林蕙
苓, 楊梅香, 蔡雨桐合著. -- 初版. -- 臺北市：寶瓶
文化, 2018.04
　面；　公分. -- (Enjoy ; 61)
ISBN 978-986-406-115-0(平裝)
1.點心食譜

427.16　　　　　　　　　　　　　107003038

Enjoy 61

甜蜜之瞬——Smoothie bowl思慕雪食光

作者／林蕙苓、楊梅香、蔡雨桐

發行人／張寶琴
社長兼總編輯／朱亞君
副總編輯／張純玲
資深編輯／丁慧瑋　編輯／林婕伃‧周美珊
美術主編／林慧雯
校對／林婕伃‧陳佩伶‧劉素芬‧林蕙苓‧楊梅香‧蔡雨桐
業務經理／黃秀美
企劃專員／林歆婕
財務主任／歐素琪　業務專員／林裕翔
出版者／寶瓶文化事業股份有限公司
地址／台北市110信義區基隆路一段180號8樓
電話／(02)27494988　傳真／(02)27495072
郵政劃撥／19446403　寶瓶文化事業股份有限公司
印刷廠／世和印製企業有限公司
總經銷／大和書報圖書股份有限公司　電話／(02)89902588
地址／新北市五股工業區五工五路2號　傳真／(02)22997900
E-mail／aquarius@udngroup.com
版權所有‧翻印必究
法律顧問／理律法律事務所陳長文律師、蔣大中律師
如有破損或裝訂錯誤，請寄回本公司更換
初版一刷日期／二〇一八年四月
初版二刷日期／二〇一八年四月十三日
ISBN／978-986-406-115-0
定價／三五〇元

Copyright © 2018 by Lin Hui Ling, Yang Mei Hsiang, Yu Tung Tsai
All rights reserved.
Printed in Taiwan.

AQUARIUS
寶瓶
文化事業

愛書人卡

感謝您熱心的為我們填寫，
對您的意見，我們會認真的加以參考，
希望寶瓶文化推出的每一本書，都能得到您的肯定與永遠的支持。

系列：Enjoy 61　書名：甜蜜之瞬——Smoothie bowl思慕雪食光

1. 姓名：＿＿＿＿＿＿＿＿　性別：□男　□女

2. 生日：＿＿＿＿年＿＿＿＿月＿＿＿＿日

3. 教育程度：□大學以上　□大學　□專科　□高中、高職　□高中職以下

4. 職業：＿＿＿＿＿＿＿＿

5. 聯絡地址：＿＿＿＿＿＿＿＿＿＿＿＿＿＿＿＿＿＿＿＿＿＿＿＿＿

　聯絡電話：＿＿＿＿＿＿＿＿＿　手機：＿＿＿＿＿＿＿＿＿

6. E-mail信箱：＿＿＿＿＿＿＿＿＿＿＿＿＿＿＿＿＿＿＿

　　　　　　□同意　□不同意　免費獲得寶瓶文化叢書訊息

7. 購買日期：＿＿＿年＿＿＿月＿＿＿日

8. 您得知本書的管道：□報紙／雜誌　□電視／電台　□親友介紹　□逛書店　□網路
　□傳單／海報　□廣告　□其他

9. 您在哪裡買到本書：□書店，店名＿＿＿＿＿＿　□劃撥　□現場活動　□贈書
　□網路購書，網站名稱：＿＿＿＿＿＿＿　□其他＿＿＿＿＿＿

10. 對本書的建議：（請填代號　1. 滿意　2. 尚可　3. 再改進，請提供意見）

　內容：＿＿＿＿＿＿＿＿＿＿＿＿＿＿＿

　封面：＿＿＿＿＿＿＿＿＿＿＿＿＿＿＿

　編排：＿＿＿＿＿＿＿＿＿＿＿＿＿＿＿

　其他：＿＿＿＿＿＿＿＿＿＿＿＿＿＿＿

　綜合意見：＿＿＿＿＿＿＿＿＿＿＿＿＿＿＿＿＿＿＿＿＿

11. 希望我們未來出版哪一類的書籍：＿＿＿＿＿＿＿＿＿＿＿＿＿＿＿＿＿

讓文字與書寫的聲音大鳴大放

寶瓶文化事業股份有限公司

| 廣 告 回 函 |
| 北區郵政管理局登記 |
| 證北台字15345號 |
| 免貼郵票 |

寶瓶文化事業股份有限公司　收

110台北市信義區基隆路一段180號8樓

8F,180 KEELUNG RD.,SEC.1,

TAIPEI.(110)TAIWAN R.O.C.

（請沿虛線對折後寄回，或傳真至02-27495072。謝謝）